猴头菇层架栽培

猴头菇瓶栽

U0306381

猴头菇短袋栽培

1

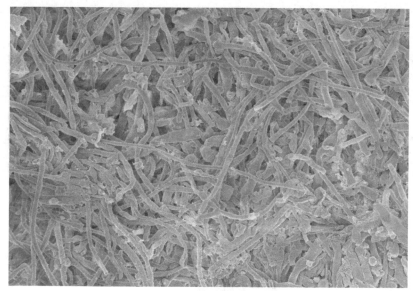

猴头菇菌丝生长

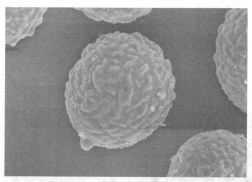

猴头菇孢子萌发

生长中的猴头菇蕾

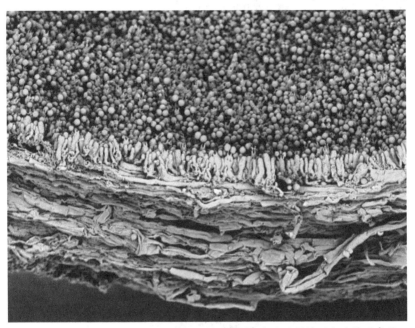

在电子显微镜下猴头菇子实层

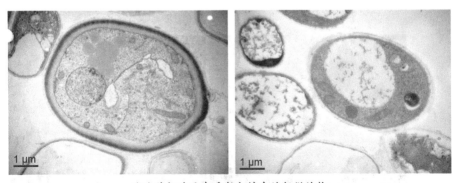

猴头菇担孢子在透射电镜中的超微结构

 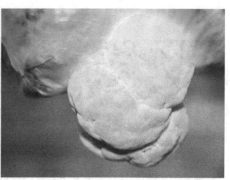

珊瑚型猴头菇　　　　　　　　　色泽异常型猴头菇

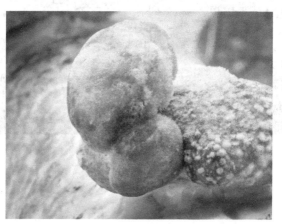

冻伤后的猴头菇

光秃型猴头菇　　　　　　　　　干缩瘦小型猴头菇

猴头菇采收（1）

猴头菇采收（2）

猴头菇采收（3）

鲜猴头菇

猴头菇分级

猴头菇鲜销

猴头菇烘干

干猴头菇

猴头菇干品

猴头菇贡面

猴头菇多糖

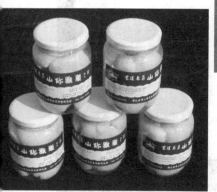

猴头菇罐头

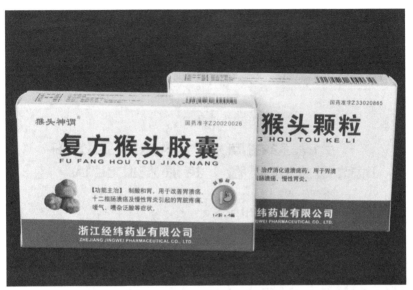

复方猴头菇胶囊、颗粒

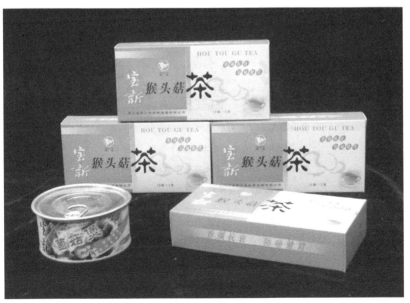

猴头菇茶

商业部科技成果三等奖

全国农牧渔业丰收二等奖

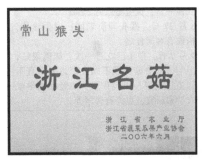

浙江常山县食用菌科技示范园区

中国现代文学翻译家、散文家、教育家，鲁迅先生生前好友曹靖华题字

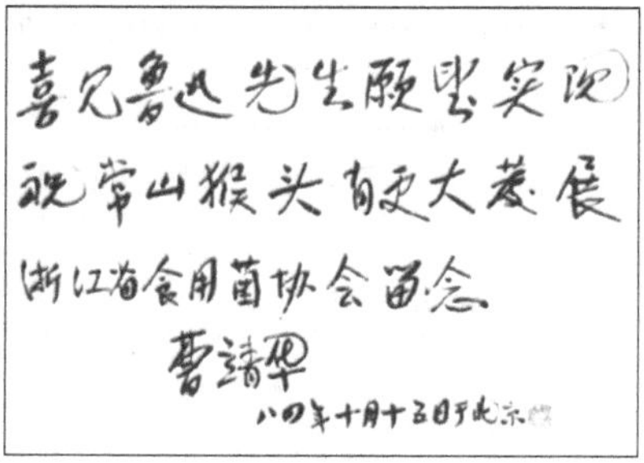
喜见鲁迅先生愿望实现
祝常山猴头菌更大发展
浙江省食用菌协会留念
曹靖华
八四年十月十五日于北京

1936 年，鲁迅日记：

8 月 25 日，午后靖华寄赠猴头四枚，羊肚菌一盒，灵宝枣二升。

8 月 27 日，猴头闻所未闻；诚为珍品，拟俟有客时食之。

9 月 7 日，猴头已吃过一次，味确很好，但与一般蘑菇类颇不同，南边人简直不知道这名字……但我想，如经植物学或农学家研究，也许有法培养。

左起：曹靖华、徐序坤、曾长华

1984 年北京人大会堂常山猴头菇品尝会，严济慈、费孝通、王芳、薛驹、铁瑛等领导参加

2004 年著名菌物学家卯晓岚先生（右二）与陈国良先生（右五）等一起视察猴头菇基地。

1993 年著名影星刘晓庆推介『猴头燕窝』产品

常山猴头 浙江一宝

浙江常山微生物研究所

严济慈题

全国人大副委员长严济慈题字

宫廷名药山珍猴头

浙江常山微生物所
乙丑元月溥

溥杰

宣统皇帝溥仪之弟溥杰题字

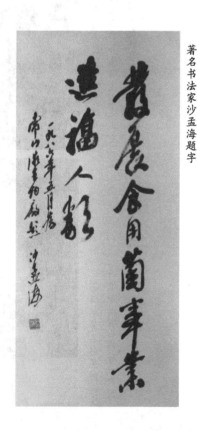

著名书法家董寿平题字

著名书法家沙孟海题字

山珍猴头海味

一九八〇年秋日
董寿平书

普展食用菌事业
造福人群

一九八〇年五月为
常山庆祝猕猴头
沙孟海

凉拌猴头菇

凤吞猴头菇

猴头菇虾仁

猴头菇鱼圆

猴菇养生脊

云片猴头菇

猴头菇鸭煲

鸡汁猴头菇羹

猴头菇
生产加工与烹饪

黄良水 著

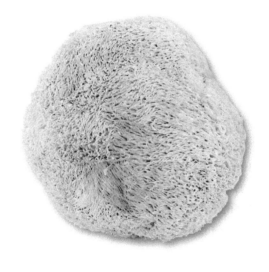

中国农业科学技术出版社

图书在版编目（CIP）数据

猴头菇生产加工与烹饪／黄良水著. -- 北京：
中国农业科学技术出版社， 2017.7
ISBN 978-7-5116-3076-6

Ⅰ.①猴… Ⅱ.①黄… Ⅲ.①猴头菌科-蔬菜园艺
②猴头菌科-蔬菜加工③猴头菌科-烹饪 Ⅳ.①S646.2
②TS972.117

中国版本图书馆 CIP 数据核字(2017)第 098191 号

责任编辑	闫庆健
文字加工	李功伟
责任校对	马广洋
出 版 者	中国农业科学技术出版社
	北京市中关村南大街 12 号　邮编:100081
电　　话	(010)82106632(编辑部)　　(010)82109702(发行部)
	(010)82109709(读者服务部)
传　　真	(010)82106625
网　　址	http://www.castp.cn
经 销 者	各地新华书店
印 刷 者	北京建宏印刷有限公司
开　　本	889mm×1194mm　1/32
印　　张	6.25
字　　数	187 千字
版　　次	2017 年 7 月第 1 版　2017 年 7 月第 1 次印刷
定　　价	38.00 元

作者简介

黄良水　农业技术推广研究员，从事食用菌技术研究与推广工作 33 年。主持、参加多项食用菌科研项目，荣获国家级三等奖 1 项（第四完成人），省部级二等奖 2 项（第一、第二完成人）、三等奖 2 项（第二、第四完成人），市厅级一等奖 1 项（第一完成人）、二等奖 2 项（第一、第三完成人）、三等奖 1 项（第一完成人），荣获浙江省农业科技成果转化推广奖、衢州市科学技术重大贡献奖。主持制订浙江省地方标准 2 项，获国家发明专利 1 项。主编《现代食用菌生产新技术》《图说金针菇栽培》，参编《中国金针菇生产》《中国食药用菌学》等图书，在各级刊物上发表论文 40 多篇。荣获浙江省有突出贡献的中青年专家、浙江省农业科技先进工作者、衢州市拔尖人才等荣誉称号，享受国务院特殊津贴。

序

　　猴头菇是一种珍贵的食用菌，自古以来被称为"山珍"，与海参、燕窝、熊掌并称为中国四大名菜，在明、清时被列为贡品。猴头菇不但营养丰富、味道鲜美，而且对消化道溃疡、慢性胃炎等多种疾病有辅助疗效。

　　猴头菇入馔，始见于明代徐光启《农政全书》，到了清朝开始名冠诸菌，后来居上。据慈禧太后御前女官德龄所著《御香缥缈录》中记载，猴头菇是当时地方官吏向朝廷进贡之物。但野生猴头菇既少且名贵，因此，鲁迅等有识之士都寄希望于其人工栽培。

　　20世纪70年代，上海市农业科学院陈国良先生倾注于猴头菇的人工栽培和药理药效研究，他研发的猴头菇人工培养技术荣获国家发明三等奖，研制的"猴菇菌片"荣获上海市重大科研成果奖。70年代末，浙江省常山县微生物厂徐序坤先生利用金刚刺酿酒残渣培育猴头菇获得成功，而后又经紫外线诱变育出常山99号猴头菌株，揭开了猴头菇商品化生产的序幕。80年代，"常山猴头"鲜菇加工进入北京人民大会堂宴会的餐桌，全国人大常委会副委员长严济慈品尝了"猴头宴"，高兴地说："浙江又增添了一宝。"鲁迅生前好友曹靖华也写道："喜见鲁迅愿望实现，祝常山猴头有更大发展。"《人民日报》、中央电视台等多家媒体持续关注"常山猴头"，自此，常山猴头声誉大振。

　　"旧时王谢堂前燕，飞入寻常百姓家。"昔日山中珍品、宫廷名菜猴头菇，由于采用了特殊的烹调方法，其工艺之精，风味之美，在肴苑群芳中成为一枝独秀。随着猴头菇生产的发展，鲜菇大量供应市场，猴头菇系列加工产品也不断问世。如今，猴头菇不仅上了国宴，而且越来越多地上了平民百姓的餐桌。

我国猴头菇栽培区域分布较广，黑龙江、福建、浙江、河南等省都有规模生产，但主产区集中在黑龙江海林市、浙江常山县和福建古田县。特别是常山县已经将猴头菇提升为"常山三宝"，出台政策列为重点扶持，猴头菇生产迎来了新一轮发展的春天，正逐步走向产业化。

我与黄良水先生相识在20世纪80年代，那时他在颇具名气的常山县微生物厂工作，踌躇满志。80年代末，他进华中农业大学应用真菌专业深造，后又赴日本进修。而今，他仍坚守基层，百折不挠，以"工匠精神"传承猴头菇文化、创新生产技术、拓展消费市场，将猴头菇事业发扬光大。他著的《猴头菇生产加工与烹饪》系统地介绍了猴头菇的生产、加工与烹调技术，既言简意赅，又重点突出，且以实用为主，颇具特色。该书内容丰富，既有栽培新技术，又有加工的新方法，还有烹饪的新技艺，可供不同层次的读者借鉴，具有很强的实用性、普及性、指导性。

该书的鲜明特色是人文历史独特而深厚，栽培模式新颖又实用，书中所介绍的加工产品琳琅满目，其餐饮文化别具一格。愿此书不仅能得到科技工作者的青睐，更能为广大食用菌生产者和消费者所瞩目，为推动我国食用菌产业发展做出贡献。

黄年来

2017 年 4 月 15 日

前　言

　　猴头菇因其子实体形似猴子的头而得名，野生于东北的深山老林中，素有"山珍猴头、海味燕窝"之称。因其菇嫩味鲜，宜荤宜素，加之野生者甚少，在明、清两代，便被视为珍宝。特别是在清代，猴头菇与鹿筋、飞龙等产于东北兴安岭的山珍，被视为"家乡风味菜"，列作皇帝贡品，蒙上了一层神秘的色彩。

　　1979年，浙江省常山县微生物厂厂长徐序坤利用金刚刺酒渣培育猴头菇获得成功，而后又经紫外线诱变育出了新菌株，改进了栽培技术，形成了商品化生产。此东北山珍，终于在江南落户了。

　　1984年，我被分配到常山县微生物总厂，赶上了猴头菇发展的好时代，从此与猴头菇结下了不解之缘。刚进工厂，我就被安排在加工车间担任技术员，负责生产猴头罐头、干品和蜜饯。当时，常山猴头已有种植基础，而且产品供应北京人民大会堂，走进了千家万户，形成了以总厂为龙头，以乡镇企业加工厂为支柱，以农村专业户为基础的宝塔形联合体。1986年，与上海十八制药厂联营在常山县生产复方猴头冲剂。此时，微生物总厂的猴头菇加工从粗加工开始进军到口服液、罐头饮料、药品等精深加工领域。

　　老厂长不仅是科研领域的探索者，而且他的营销策略也是前卫的。广告、展销会、品尝会、办事处……在全国各大城市铺开。1993年，还与著名影星刘晓庆合作，创办"中外合资刘晓庆饮皇食品有限公司"，生产猴头燕窝饮品，打入港澳及东南亚市场，猴头菇产业逐渐发展到巅峰。

猴头菇作为药材，在《浙江省中药炮制规范》（2015年版）有记载：猴头菇性平，味甘；归脾、胃经；有健脾和胃，益气安神功能；用于治疗消化不良，神经衰弱，身体虚弱，胃溃疡。猴头菇不仅营养丰富，又有养胃功效，这一点与江中集团的食疗理念正好不谋而合，江中"猴姑饼干"应运而生。自2013年9月以来，由影视明星徐静蕾代言的猴姑饼干广告铺天盖地，一直保持着不小的关注度，食疗养胃成为一种时尚。

猴头菇产业又一次沸腾起来了。黑龙江海林市建成国家级猴头菇标准化示范区；福建古田县吉巷乡建起了猴头菇专业村；常山县也开启了猴头菇"二次创业"的进程，将猴头菇列入"常山三宝"之一，出台政策予以扶持，猴头菇生产迎来了新一轮发展的春天。

为了推进猴头菇产业的发展，提高猴头菇生产的科学水平，本人认真、全面、系统、规范地总结了猴头菇的新技术、新产品、新技艺，撰写成《猴头菇生产加工与烹饪》一书。本书共分7章，简要叙述了猴头菇的人文历史、食疗价值、生物学特性，重点阐述了猴头菇的菌种生产、栽培技术、病虫害防治、保鲜加工和烹调技术，内容新颖，图文并茂，亮点纷呈，实用性强，可供广大食用菌科技工作者和生产者阅读参考，也可供餐饮业者借鉴。

不积跬步，无以至千里。为了写好这本书，本人一方面耐住了寂寞，将工作之余的时间用在写作上，花了大量精力收集散落于民间的人文历史图片，深入基地走访企业与农户……另一方面，多方协作，与科技结缘。先后与浙江大学、浙江省农业科学院合作开展猴头菇菌丝体、担孢子的形态学等基础研究；与气象部门合作建设农业自动化气象站，利用互联网平台，实时掌握气象因子对猴头菇生长的影响；邀请名厨现场烹调，挖掘尚未普及的饮食文化。

本书在撰写和出版过程中，得到有关单位领导的支持和专家的指导。我国著名食用菌专家黄年来先生特为本书作序，浙江省食用菌技术团队陈再鸣、金群力、冯伟林等专家为本书提供了部分照片，浙江大学韩扬云先生为本书提出了宝贵意见。感谢台前幕后的学者与同行、领导和同事……大家的支持，才有今天的成果。

由于本人水平有限和时间仓促，加上食用菌科技发展日新月异，书中难免存在不足和疏漏之处，谨请广大读者与同仁指正，以便再版时渐臻完善。

作者

2017 年 5 月

目　录

第一章　概　述

猴头菇〔*Hericium erinaceus*（Bull.）　Pers.〕又名猴头、猴菇、猴头菌、猴头蘑、刺猬菌、花菜菌、山伏菌等，属菌物界（Fungi）、担子菌门（Basidiomycota）、伞菌纲（Agaricomycetes）、红菇目（Russulales）、猴头菌科（Hericiaceae）、猴头菌属（*Hericium*）。猴头菇是一种珍贵的食用菌，自古以来皆称其为"山珍"，有的将猴头菇归入"八大山珍"中"上八珍"；有的把它和燕窝、海参、鱼翅并称为"四大名肴"；还有称其为"山珍猴头、海味燕窝"。

一、猴头菇的人文历史

说起"猴头"，有个民间传说。很早以前，有一年秋天，一阵黑风刮过之后，满山遍野出现了当年跟随孙悟空大闹天宫的猴子，把庄稼、果树全都糟蹋光了。后来，有两个小伙子，跑到琉璃庙老道士那儿借来两把宝剑，赶走了顽皮的猴子。为了杀一儆百，两个小伙子就把割下来的猴头挂在高大的桦栎树上。此后，在这树上每年便长出猴头蘑来了。猴头蘑成熟时，披一身米黄色的茸茸细毛，色美味香，模样儿逗人喜爱。

在东北，猴头菇又叫"对儿蘑""对脸蘑"或"鸳鸯对口蘑"。每到猴头菇成熟的季节，采山人便钻进深山老林，寻找猴头菇的踪迹。他们发现每当看到一棵树上有一只猴头菇，顺着它的朝向相对的树上看，一定能找到另一只猴头菇。采山人非常好奇猴头菇的生长规律，认为猴头菇是一个神秘而有灵性的东西，于是有关猴头菇的爱情故事也随之而来。据传说，当年孙悟空保唐僧去西天取经时，花果山上有一对年轻的猴子彼此相爱，一只失恋的狐狸因嫉妒而投

1

诉了它们，于是猴子被流放到边塞宁古塔（旧城在黑龙江省海林市境内）。由于不适应那里的寒冷，猴子将被冻死。临死前，它们选择了两棵相距不远，能够彼此相望的柞树作为最后的归宿。它们死后化作猴头菇，在兴安岭的大森林里，依然相依相伴，成对出现。

猴头菇何时入馔，无文献可查。三国时代沈莹所撰写的《临海水土异物志》有如下记述："民皆好啖猴头美，虽五肉臛不能及之。"在明代徐光启的《农政全书》中也有记载："他如天花、麻姑、鸡土从、猴头之属，皆草木根腐坏而成者。"至于清朝，猴头菇为什么能后来居上，名冠诸菌，可能与满人入关和满族食俗有关。

猴头菇在明、清时被列为贡品，尤其是清朝，宫廷中把盛产于东北兴安岭的猴头、鹿筋、人参等视为"家乡特产"，列为宫廷宴席之佳肴。慈禧太后御前女官、美籍华人德龄在其著作《御香缥缈录》（又名《慈禧后私生活实录》）的"御膳房"一章中提及："还有一种算是十分稀罕的东西，唤做猴头，大概跟打网球的球一样大小。它的来源是四川，而且大部分是呈进宫来给太后享用的。呈进宫来的时候，总是每两个猴头装一锦盒，锦盒常用极好的黄绸做衬托，那种外观尤其比银耳来的富丽了。"书中还介绍了猴头菇的吃法："猴头有种种制法，也可以把整个东西搁在文火上蒸着，也可以切成一片一片的煎炒，有时把它混合在各种肉里，也可以增加几许鲜味；尤其是和在羊肉里面，格外可口。就是用来做汤，其味也不在鸡汤之下。"

由于野生猴头菇少且极名贵，许多有识之士都寄希望于人工栽培，鲁迅先生就是其中之一。1936年，我国著名翻译家曹靖华先生寄了四只猴头菇给鲁迅。8月25日，鲁迅在日记中写到："午后靖华寄赠猴头四枚，羊肚菌一盒，灵宝枣二升。"8月27日，鲁迅回信曹靖华："猴头闻所未闻；诚为珍品，拟俟有客时食之。"9月7日，鲁迅品尝了猴头菇后又去信："猴头已吃过一次，味确很好，但与一般蘑菇类颇不同，南边人简直不知道这名字……"他接着写道："但我想，如经植物学或农学家研究，也许有法培养。"

我国猴头菇的人工驯化栽培始于1959年，上海市农业科学院从齐齐哈尔采集野生猴头菇分离得到纯菌种，并用木屑瓶栽获得成功。但是，由于当时猴头菇的烹调方法未普及，栽培及加工技术也不大众化，未能及时推广进行大量生产。20 世纪 70 年代，在民间调查时发现猴头菇有较高的医疗效果，上海市农业科学院与上海中药制药三厂联合开展猴头菇的药用研究。1977 年，利用甘蔗渣培养基生产猴头菇菌丝体，制成"猴菇菌片"产品。

1979 年，浙江省常山县微生物厂利用金刚刺酿酒残渣培育猴头菇获得成功，而后又把野生的猴头菇经紫外线诱变，选育出了"常山 99 号猴头菌株"，改进了栽培技术，单产有了较大的提高，从此形成了商品化生产。

20 世纪 80 年代，常山猴头声名鹊起，驰名中外。

1984 年 10 月 15 日在北京人民大会堂浙江厅举行了"常山猴头"品尝会，全国人大常委会副委员长严济慈，全国政协副主席费孝通，前国家主席刘少奇夫人王光美、陈云夫人于若木，知名人士汪洋、艾青、董寿平、谢芳以及浙江省领导人王芳、薛驹等参加了品尝会。全国人大常委会副委员长严济慈题词："常山猴头、浙江一宝。"鲁迅先生生前好友、著名翻译家曹靖华先生为浙江省食用菌协会题字："喜见鲁迅先生愿望实现，祝常山猴头有更大发展。" 1985 年 3 月，清宣统帝溥仪之弟溥杰为浙江省常山县微生物厂题词："山珍猴头、海味燕窝"。

1986 年 5 月，上海科教电影制片厂在常山拍摄了《山珍猴头》科教片，11 月 8 日在常山县首映，而后在全国放映。1987 年，"常山 99 号猴头菌株的选育及推广"获国家科技进步三等奖。1986 年，常山微生物总厂与上海十八制药厂联营生产"复方猴头冲剂"。1987 年，常山微生物总厂生产的"常山江牌"猴头罐头、猴头干品荣获"商业部优质产品"。

1987 年 1 月 20 日，《人民日报》第二版以"常山猴头产量达到 750t"为标题报道了常山猴头菇在国际夺魁的消息："记者从有关方面获悉，我国最大的猴头菇生产基地浙江省常山微生物厂，去年生产出猴头菇 750t，产量居世界同类生产厂家的第一位。这是我国继银耳、黑木耳之后第三个食用菌类产品在国际上夺魁（据新华社）"。

1993 年，著名影视明星刘晓庆与常山县微生物总厂合作组建"刘晓庆饮皇食品有限公司"，生产猴头燕窝饮品。

《人民日报》《科技日报》《浙江日报》以及香港《大公报》《新晚报》等 30 多家新闻媒体对常山猴头菇进行了深度报道，宣传了猴头菇的营养和药用价值，推介了猴头菇系列产品，弘扬了猴头菇的饮食文化。

二、猴头菇的营养价值

(一) 食用价值

猴头菇是"高蛋白、低脂肪"食品。1981 年 2 月 25 日，北京市食品研究所对常山猴头菇进行营养成分测定：每 100g 猴头菇干品中含蛋白质 26.3g，脂肪 4.2g，水分 10g，灰分 8.2g，粗纤维 6.4g，碳水化合物 44.9g，热量 323kcal，钙 2mg、磷 856mg、铁 18mg，胡萝卜素 0.01g，维生素 B_1 0.69mg、维生素 B_2 1.86mg、尼克酸 16.2mg。含有 16 种氨基酸，其中 7 种人体必需氨基酸，营养十分丰富。2015 年 4 月 8 日，农业部农产品及转基因产品质量安全监督检验测试中心（杭州）对常山猴头菇的检测结果：蛋白质 14.2%，总糖 38%，粗脂肪 3.32%，粗多糖 4.42%，维生素 B_1 0.11mg/100g、维生素 B_2 0.4mg/100g，磷 0.62%、钾 2.74%、钙 124.2mg/kg、铁 106.0mg/kg、锌 51.3mg/kg、镁 872.8mg/kg、钠 8.2mg/kg、硒 0.037mg/kg。第一个样品是用 99 号猴头菇菌株在酒渣培养基上栽培出来的干猴头菇，营养十分丰富，第二个样品是棉籽壳培养基上栽培出来的干猴头菇，蛋白质、氨基酸等营养成分含量相差甚远。这可能因菌株、培养基以及营养成分的检测方法不同而产生较大差异。

(二) 化学成分

近年来研究表明，猴头菇中含有丰富的化学成分，主要包括多糖、萜类物质、甾醇类化合物、酚类物质、脂肪酸类化合物等功能性物质。猴头菇的化学成分报道较多的是多糖、萜类和甾醇类。

1. 多糖

猴头菇多糖具有免疫调节、抗肿瘤、降血脂等多种药理作用，是猴头菇主要活性成分之一，一直是猴头菇研究的热点。多数研究认为，猴头菇多糖是由 β–（1→3）键连接的主链和 β–（1→6）键连接的支链构成的葡聚糖。日本学者曾报道，猴头菇多糖是含有木糖、葡萄糖、甘露糖及少量蛋白质的杂多糖，还从猴头菇子实体、菌丝体中分离出 6 种具有抗肿瘤活性的多糖成分。截止目前，国内外共发现猴头菇多糖有甘露糖、半乳糖、岩藻糖、葡萄糖以及 β-D-葡聚糖等 13 种。

2. 萜类物质

萜类化合物是猴头菇的主要活性成分之一，也是猴头菇苦味的来源。1982 年谢斐君等从猴头菇培养物中首次分离出以齐墩果酸为苷元的三萜类物质。1994 年，日本学者在对猴头菇菌丝体进行提取和分离过程中，发现了 4 种二萜类化合物，命名为猴头菌素（erinacine）A、B、C、D，而后又分离到猴头菌素 E、F 和 G，进一步药理研究表明，这些化学物质能够提高 NGF 即神经生长因子的分泌量。目前，已经从猴头菇中分离得到 25 个鸟巢烷型二萜类化合物。

3. 甾醇类化合物

甾醇类化合物在我们机体活动中，起着相当重要的作用，是荷尔蒙以及生物膜重要的组成之一。研究表明，猴头菇的麦角甾醇含量较高，而且猴头菇含有麦角甾-8（14）-烯-3β-醇、β-谷甾醇和含四个双键的 C20 甾醇类化合物和腺苷。

（三）药理作用

据刘波《中国药用真菌》（1978）记载，猴头菇性平、味甘，能利五脏，助消化，滋补，抗癌，治疗神经衰弱。研究结果表明：猴头菇具有提高机体免疫功能，修复胃黏膜、肠溃疡，提高动物耐缺氧能力，抗疲劳、抗氧化、抗突变、降血脂、降血凝、加速血液循环、抗衰老、抑制肿瘤细胞生长等作用。

1. 抗溃疡作用

国内研究证实，猴头菇提取物可治疗胃黏膜损伤、慢性萎缩性胃炎，能显著提高幽门螺旋杆菌根除率及溃疡愈合率。猴头菇所含氨基酸成分对于溃疡的愈合，胃黏膜上皮的再生和修复，提供了必要的原料，并具有滋补强壮的功效。陈国良等对猴头菇的药效进行了系统的研究，结果表明，猴头菇对胃、肠溃疡和各种胃炎的辅助效果达 87.7%，对胃、食道癌的辅助效果达 69.3%，对冠心病、心绞痛的有效率达 76.9%。以浙江经纬制药有限公司生产的"复方猴头冲剂"为例，经临床试验，对于胃、十二指肠溃疡、胃窦炎的总有效率达 93.4%，且无副作用，深受患者欢迎。

2. 抗肿瘤作用

猴头菇多糖对 S-180 肉瘤具有一定的抑制作用，可提高血清 IFN-γ 和 IL-2 水平，通过免疫调节作用发挥抗肿瘤作用。从药理试验来看，其作用机理与现有西医抗癌作用不同，为非直接杀伤癌细胞，而是通过增加吞噬细胞的吞噬作用，促进免疫球蛋白的形成，升高白细胞，提高淋巴细胞转化率并提高机体本身的抗病能力或增强机体对放疗、化疗的赖受性，以达到抵抗癌细胞的目的，抑制癌细胞的生长和扩大。猴头菇的多糖和多肽类物质对艾氏腹水癌细胞的 DNA 和 RNA 的合成有抑制作用。

3. 提高免疫作用

猴头菇多糖能增强小鼠中性粒细胞（NG）的杀菌能力，并能使因免疫抑制导致的 NG 杀菌能力降低得到恢复。因此，对于因为过多使用免疫抑制剂而造成的 NG 活性下降，猴头菇多糖是一种优良的免疫调节剂。食用猴头菇后，能提高人体巨噬细胞和淋巴细胞包围吞噬外来细菌、病毒和体内异常细胞的功能，从而身体就不易得病。猴头菇对人体还有很好的扶正固本作用，经常食用猴头菇，能改善人的睡眠，振作精神。

4. 抗氧化作用

研究证实，氧自由基过高能引发多种疾病，所以超氧化物岐化酶（SOD）能延缓细胞衰老的同时还兼有其他的医用价值。猴头菇多糖可以明显地提高小鼠血清中 SOD、CAT 的含量，可以有效地降低小鼠血清中 MDA 的含量。猴头菇提取物有清除 $\cdot OH$、$DPPH\cdot$ 和 $O_2^-\cdot$ 自由基的能力。

5. 抗突变作用

猴头菇多糖对环磷酰胺等致突变剂导致的染色体受伤具有抗衡作用，从而证明猴头菇多糖具有抗突变作用。

6. 降血糖作用

猴头菇菌丝体提取物能够对抗四氧嘧啶引起的高血糖，其作用机理可能是猴头菇多糖与细胞膜上的特定受体结合，通过第二信使cAMP将信息传至线粒体，提高糖代谢酶系的活性，加速糖的氧化分解，从而降低血糖。

7. 抗衰老作用

神经系统衰退性疾病是导致早衰的主要原因，猴头菌素能促进神经性生长因子（NGF）的合成，NGF能辅助治疗智力衰退、神经衰弱、植物性神经衰退和早老性痴呆。猴头菇提取物可改善衰老小鼠的学习记忆能力，有效延缓模型衰老小鼠衰老体征的出现。用猴头菇提取物对D-半乳糖诱发的老年痴呆模型小鼠进行灌胃，结果表明，猴头菇可明显改善痴呆模型小鼠的记忆障碍。

8. 保肝护肝作用

研究表明，猴头菇的菌丝中能分离出5个齐墩果酸的甙类和引导机体产生干扰素的物质，是治疗肝炎的有效成分，齐墩果酸皂甙对慢性乙肝疗效达32%。在猴头菇液态发酵生成的菌丝体中，支链氨基酸高于芳香族氨基酸总量，二者比值接近三，因此从猴头菇菌丝体中提取氨基酸制成注射液，可用于临床治疗慢性肝病和肝硬化患者，从而为猴头菇的利用开辟一条新途径。

（四）炮制规范

猴头菇作为药材，在《浙江省中药炮制规范》（2015年版）中描述如下。

【来源】本品为猴头菌科植物猴头菇 *Hericium erinaceus* （Bull.ex Fr.） Pers.的干燥子实体。本省有产。子实体近成熟时采收，晒干。

【炮制】取原药，除去杂质，洗净，润软，切片，干燥。

【性状】为类圆形或不规则形厚片，直径2~6cm。表面为软刺状，棕黄色至浅褐色。切面平坦，类白色，部分具裂隙。质轻而软。气微香，味淡或微苦。

【鉴别】取本品粉末1g，加90%甲醇20mL，超声处理15分钟，滤过，滤液蒸干，残渣加适量硅藻土，拌匀，再加适量甲醇，滤过，滤液蒸干，残渣加50%乙醇2mL使溶解，作为供试品溶液。另取腺苷对照品，加50%乙醇制成每1mL含1mg的溶液，作为对照品溶液。照《中国药典》薄层色谱法试验，吸取供试品溶液3μL，对照品溶液1μL，分别点于同一硅胶 GF$_{254}$ 薄层板上，以三氯甲烷–乙酸乙酯–异丙醇–水（8:2:6:0.3）为展开剂，每10mL展开剂中加浓氨试液2~4滴，展开，取出，晾干，置紫外灯（254nm）下检视。供试品色谱中，在与对照品色谱相应的位置上，显相同颜色的斑点。

【检查】水分不得超过14.0%（《中国药典》水分测定法烘干法）。

【性味与归经】甘，平。归脾、胃经。

【功能与主治】健脾和胃，益气安神。用于消化不良，神经衰弱，身体虚弱，胃溃疡。

【用法与用量】10~30g。

【处方应付】写猴头菇付猴头菇。

【贮藏】置阴凉干燥处。

三、猴头菇的发展现状

我国猴头菇生产主要以季节性栽培为主，工厂化生产还处于探索性阶段。据统计，2013年我国猴头菇产量为12.4万 t，2014年国内产量增长至14.8t，占同期国内食用菌总产量的0.4%。我国猴头菇栽培区域分布较广，黑龙江、福建、浙江、河南等省市都有规模生产，但主产区集中在黑龙江省海林市、浙江省常山县和福建省古田县。

（一）常山猴头菇

2002年浙江省地方标准《无公害猴头菇》（DB33/T384–2002）正式发布、实施，为猴头菇标准化生产提供了技术支撑；2004年"猴头菇（金针菇）——秀珍菇周年栽培技术研究"项目荣获全国农牧渔业丰收奖二等奖、浙江省科学技术奖二等奖。2005年宝新牌猴头菇干品荣获"浙江名牌产品"称号。2006年常山猴头菇被浙江省农业厅、浙江省蔬菜瓜果产业协会评定为"浙江名菇"。2014年10月，常山县人民政府将猴头菇列入"常山三宝"之一，出台政策给予资金扶持，常山猴头菇产业迎来了新一轮发展春天，正逐步走向产业化，成为富民强县的主导产业。2015年11月，"常山猴头菇"获得国家农产品地理标志登记，依法实施了保护。

（二）海林猴头菇

东北的森林资源丰富，自然条件优越，是猴头菇生产的黄金地带。黑龙江省海林市是全国最大的猴头菇产区，产量约占全国总量的四分之一。海林猴头菇具有毛短、单个重量大、内部实心硬实、口感好、无苦味等特点。2005年海林市建成国家级猴头菇标准化示范区，2007年海林市被中国食用菌协会授予"中国猴头菇之乡"。

（三）古田猴头菇

福建古田县有着"中国食用菌之都"的美誉，盛产银耳、猴头菇、木耳等食用菌。猴头菇是古田食用菌的主打品种之一。古田县吉巷乡前垄村经过多年的发展，目前已经成为古田县最大的猴头菇生产专业村。

四、猴头菇的市场前景

猴头菇可以烹制成多种名馔佳肴，清代的满汉全席里少不了猴头菇。由于采用了特殊的烹调方法，其工艺之精，风味之美，使猴头菇在肴苑群芳中，成为一枝独秀。近年来，北京、上海、南京、杭州以及香港等地的猴头菇品尝会、产品推介会接踵而至，大大普及了猴头菇的烹调技艺。云片猴头、三鲜猴头、红烧猴头等昔日的宫廷名菜，如今已经走进寻常百姓家。

猴头菇不仅味道鲜美，而且有养胃功效。国内外研究表明，猴头菇中含有多糖、萜类物质、甾醇类化合物、酚类物质、脂肪酸类化合物等化学成分，具有助消化、抗肿瘤、抗氧化、抗突变、提高免疫力和降血糖等生理功能。因此，除了传统的猴头菇干品、猴头菇罐头等产品之外，复方猴头颗粒、猴菇菌片等药品，猴头菇多糖胶囊、猴头菇超细粉和猴头菇袋泡茶、猴头菇饼干等精深加工产品，已在市场上占有一席之地。2013年9月以来，由影视明星徐静蕾代言的猴菇饼干广告铺天盖地，一直保持着不小的关注度，猴头菇养胃已经家喻户晓。据报道，日本渡部药品公司利用从猴头菇中提取的多糖类"β-D-葡聚糖"制成抗癌食品，具有广阔的市场前景。

当前，猴头菇在整个食用菌产业中的地位日益突出，人工栽培技术也日趋成熟，与大众菌类生产相比，猴头菇种植业正处于产业发展红利期。随着电子商务业的兴起，猴头菇不仅进驻渤海商品交易所产业电商平台，而且在农村淘宝平台"聚划算"开卖，搭上了电商快车，猴头菇产品被推向了全国市场。

猴头菇已经成为人们的大众化食品，猴头菇市场形成了大众食用、医药使用和保健开发等多元化格局，发展前景广阔。

第二章　猴头菇生物学特性

一、猴头菇的形态特征

猴头菇在不同的发育阶段，有菌丝体和子实体两种形态结构，子实体成熟后散发大量担孢子。

（一）菌丝体

菌丝体由许多丝状菌丝组成，是猴头菇的营养器官。猴头菇菌丝呈白色，绒毛状，相互结合呈网状，蔓延于枯木和培养基中，不断繁殖集合成菌丝体。猴头菇的菌丝体在 PDA 培养基上，初时白色、稀疏，分布不均匀，呈散射状，后变浓密粗壮，基内菌丝发达。

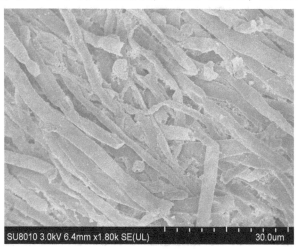

图 2-1　猴头菇菌丝形态

气生菌丝呈粉白绒毛状，放置较长时间后，色暗或稍带灰黄色，斜面上会出现小原基并形成珊瑚状小菇蕾。在显微镜下观察，猴头菇的菌丝由一个挨一个的管状细胞组成，直径 10~20μm，壁薄，有横隔和分支，有锁状联合现象（图 2-1）。但其在不同培养条件下，常表现多态性。例如，在通气良好、含氮量较高的培养基上培养时，菌丝就变得细而密，并稍有气生菌丝。

猴头菇菌丝在不同的培养条件下，形态略有差异。在 PDA 培养基上，菌丝生长不均匀，菌丝体贴生，气生菌丝短、稀、细，粉白色，呈绒毛状，基内菌丝发达，在培养基上极易形成珊瑚状子实体原基，外观形似小疙瘩。在木屑或蔗渣培养基中，菌丝开始吃料后，菌丝体比较稀薄，菌丝产生的可溶性色素，使培养基呈淡黄褐色，随着菌丝体不断增殖，培养基呈白色或乳白色。

（二）子实体

子实体是猴头菇的繁殖器官，头状或倒卵状，形似猴子的头，故名"猴头"。野生的直径 3.5~10cm，人工栽培可达 18cm 以上（图 2-2）。猴头菇子实体是由菌丝聚集而成的紧密块状组织，肉质、肉实、无柄，基部着生处狭窄，人工栽培时基部常因生于瓶口或塑料袋口内而呈现出短柄状。体外覆盖菌刺，刺直伸而发达，下垂如毛

图 2-2　野生猴头菇

12

发，刺长 1~5cm，直径 1~2mm，针形（图 2-3）。子实体新鲜时色泽洁白或淡黄色，干燥后呈淡黄褐色。

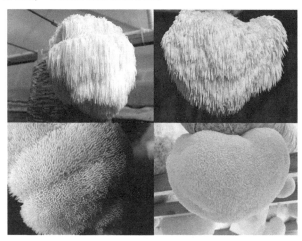

图 2-3　人工栽培猴头菇

(三) 担孢子

担孢子是猴头菇的有性繁殖体，产生于菌刺表面子实层的担子上。担子是由处在子实层部位的双核菌丝的顶端细胞（原担子）发育而成。猴头菇的子实体成熟后，会从菌刺的子实层上散出几亿到几十亿个担孢子。猴头菇的孢子印呈白色。猴头菇的担孢子很小，在电子显微镜下观察，它无色不透明，表面布满不规则的脊状突起，呈球形或近球形，直径 (5.5~7.5) μm× (5~6) μm，内含油滴大而明亮（图 2-4）。猴头菇的孢子壁非常薄，没有休眠期，孢子散落后在适宜条件下很容易萌发，长出牙管进而形成菌丝。

二、猴头菇的生活史

猴头菇完成一个正常的生活史，需要经过担孢子→一次菌丝→二次菌丝→三次菌丝（子实体）→担孢子等几个连续的发育阶段。

猴头菇子实体成熟时，其菌刺上产生大量的担子，一个担子上能形成两种不同性别的担孢子 (+、-)，担孢子为单核、单倍体，在适宜的温湿度条件下，担孢子萌发产生芽管，芽管不断延伸形成菌丝，称一次菌丝或初生菌丝，因初生菌丝细胞中只有一个核，故又

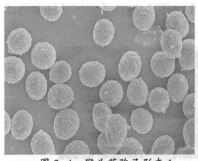

图 2-4　猴头菇孢子形态 1

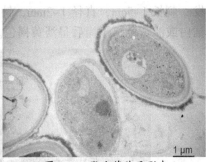

图 2-4　猴头菇孢子形态 3

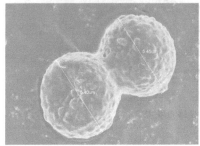

图 2-4　猴头菇孢子形态 2

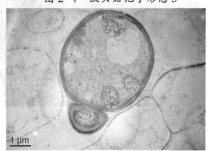

图 2-4　猴头菇孢子形态 4

称为单核菌丝。在培养基斜面上，单核菌丝瘦弱而稀疏、生长能力差、存在时间短，无锁状联合，不能发育成子实体。

单核菌丝在生长发育的同时，两根不同交配型（+、-）的相邻的单核菌丝相互结合，经过细胞质融合，两个细胞核共同存在于一个细胞的细胞质中，形成异核的双核菌丝，故又称为二次菌丝或次生菌丝。双核菌丝具有锁状联合，生命力强，在猴头菇的生活史中存在时间长，在生理上起养分和水分的吸收、运输功能。

双核菌丝大量生长繁殖达到生理成熟时，在外界条件适宜的情况下，双核菌丝扭结在一起，形成菌丝团，再进一步分化成子实体原基，原基继续分化即可形成新的子实体。组成子实体的菌丝称三次菌丝，它是组织化的菌丝，不具有吸收养分和水分的功能。随着子实体的膨大，子实体上长出白色菌刺，在菌刺表面形成子实层并长出担子（图 2-5、图 2-6）。

担子是由双核菌丝的顶端细胞（原担子）发育而成。其形成过程是原担子细胞内的两个细胞核融合成为一个二倍体的核，称为合子,即为"核配"。合子进行一次减数分裂,形成2个单倍体核,这2个核再分别进行一次有丝分裂,即形成了4个单倍体的子核。这时顶端细胞膨大成担子,然后在担子上发生出4个小梗,4个子核分别进入担子小梗的膨大部位,就发育成4个单倍体担孢子(图2-7)。

图 2-5　猴头菇菌刺横切面

这种从担孢子萌发开始,经过各个不同生长阶段,再形成担孢子的过程,称为猴头菇生活史中的有性大循环(图2-8)。猴头菇在有性大循环中还会发生无性小循环,即在干燥、高温等不良环境条件下,双核菌丝中的部分细胞会转变成厚垣细胞或厚垣孢子,这种细胞壁厚,个体大,贮存养分多,呈休眠状,当外部环境条件适宜时,它又会萌发成菌丝,继续生长繁殖。

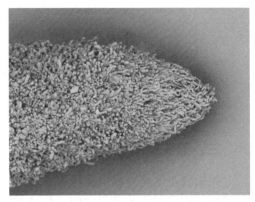

图 2-6　菌刺表面形成子实层并长出担子

图 2-7　猴头菇担子和担孢子

15

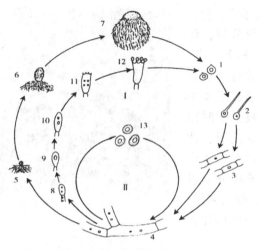

图2-8 猴头菇生活史示意图 （引自 李志超）

Ⅰ.有性循环 Ⅱ.无性循环

1.担孢子 2.担孢子萌发 3.单核菌丝 4.双核菌丝 5.子实体原基 6.菌蕾
7.成熟子实体 8.双核菌丝顶端细胞 9.合子 10.第一次细胞分裂
11.第二次细胞分裂 12.担孢子形成 13.厚垣孢子

三、猴头菇的生长发育条件

猴头菇在生长过程中受营养、温度、湿度、光照、空气、酸碱度等环境因子的影响是很大的。栽培者必须掌握猴头菇生产发育所需的最适条件，采取技术措施，满足猴头菇生长发育需要。

（一）营养

猴头菇的营养和其他真菌一样，都是靠菌丝分解吸收培养基中的养分而获得营养的。在酸性条件下，它分解木质素的能力很强。猴头菇所需要的营养物质有碳源、氮源、矿质元素和维生素等。丰富而全面的营养是猴头菇高产优质的根本保证。

1. 碳源

碳源是猴头菇重要的营养来源，它不仅能够提供碳素营养，作为合成碳水化合物和氨基酸的原料；同时，它又是重要的能量来源。猴头菇吸收的碳素营养，大约20%是合成细胞物质，80%是产生能量维持生命活动。猴头菇是一种木腐菌，在自然界中大部分生长在阔叶树的树杆上，利用纤维素、半纤维素、木质素、淀粉等作为碳素营养。适于猴头菇生长的阔叶树木屑，特别是麻栎、栓皮栎、青冈栎、槲树等，是人工培养猴头菇经济而优良的碳源。富含纤维素等碳水化合物的农副产品下脚料几乎均能用来栽培猴头菇，如棉籽壳、甘蔗渣、酒糟、玉米芯、高粱壳等，但以棉籽壳、玉米芯为主料，配合辅助材料，产量较高。猴头菇能直接吸收利用的碳源是葡萄糖、蔗糖和有机酸类。其他如木质素、纤维素、半纤维素、淀粉、果胶等大分子化合物，必须先由菌丝分泌出相应的酶，将其分解成简单的糖，才能吸收利用。猴头菇菌丝体生长的适宜碳源为葡萄糖和甘露糖，麦芽糖、乳糖、淀粉、木糖、蔗糖较差，有机酸类最差。

2. 氮源

氮源是猴头菇合成蛋白质和核酸不可缺少的原料。猴头菇菌丝体和子实体生长的好坏，与氮源的数量密切相关。如在马铃薯葡萄糖琼脂培养基中，增加 0.5% 的蛋白胨，菌丝生长浓密，基内菌丝多，子实体形成早。有人培养猴头菇也习惯于用单纯的马铃薯葡萄糖琼脂培养基，结果菌丝细而稀，子实体形成迟。

在自然界里，猴头菇的氮源来自蛋白质等有机氮化物的分解。猴头菇可以利用多种氮源，其中以有机氮最好。猴头菇能直接吸收利用的氮源有氨基酸、尿素、氨和硝酸盐等小分子化合物。蛋白质一类高分子化合物必须经蛋白酶分解成氨基酸后才能吸收。用木屑、玉米芯、甘蔗渣等作培养基生产猴头菇时，必须添加含氮量较高的物质。可供利用的有机氮源有麦麸、豆饼、米糠、棉籽饼、玉米粉等。有些物质，如菜籽饼，蛋白质含量虽然较高，但由于含有一些不利于猴头菇生长的成分，不宜用做氮源添加剂。

猴头菇菌丝体生长的适宜氮源为蛋白胨和酵母膏，豆饼粉次之，尿素、硫酸铵、硝态氮等无机氮源最差。

环境中氮源的多少，对猴头菇菌丝体的生长和子实体的发育有很大关系。一般认为，菌丝体生长最适氮源浓度是 0.016%~0.064%。超过了这个浓度，生长就受到抑制。而适宜子实体形成的氮源浓度比菌丝体生长的最适范围要小，为 0.016%~0.033%。子实体形成阶段，培养基中氮源浓度的降低是出菇的前提。因此，氮源超过最适浓度时，子实体生长受抑制，产量减少；浓度更高时，子实体则停止生长。此外，碳和氮的比例也要恰当，一般地营养生长阶段碳氮的比例为 20:1 为好，生殖阶段以（30~40）:1 为宜。

3. 无机盐

在猴头菇生长发育中需要磷、钙、钾、镁、锌、钴、钼、铁、铜等矿质元素，它们的主要功能是构成细胞成分，作为酶的组分，维持酶的作用及调节细胞渗透压等。这些元素中以磷、钾、镁、钙、硫最为重要，特别是磷和钙。没有磷，细胞不能分裂；没有钙，子实体难以形成。适宜浓度的矿质元素，将使猴头菇的生物量增加，因此在生产中常添加硫酸镁、磷酸二氢钾、过磷酸钙或石膏粉等作为主要的无机营养。

4. 维生素

维生素是猴头菇生长发育必不可少，自身不能合成而且用量甚微的一类特殊有机营养物质，如维生素 B_1、维生素 B_2、氨基酸等。它是猴头菇代谢反应中辅酶的一个组成部分，一旦缺乏维生素，酶就不能活动，将使正常的物质代谢失调而造成机体不能正常生长发育。维生素 B_1 又叫硫胺素，是重要的生长素。如果培养基中缺少维生素 B_1，则菌丝生长缓慢，子实体的发生受抑制，严重缺乏时生长完全停止。一般培养中其最大浓度有 0.01~0.1mg/L 就足够了。维生素在马铃薯、米糠、麦麸中含量较多，因此用这些材料配制培养基时，可不必添加，但这些维生素多数不耐高温，在 120℃以上容易迅速分解。

（二）温度

猴头菇是中温型真菌。菌丝体生长与子实体形成所要求的温度不同。菌丝体生长阶段要求较高的温度，子实体形成阶段要求较低的温度。所以，猴头菇是变温结实性真菌。

猴头菇的菌丝体能够在 6~34℃的温度范围内生长，适宜生长温度为 24~26℃。温度低些，菌丝粗壮、浓密、洁白，菌苔厚，长势旺，生命力强；温度高了，菌丝细弱、稀疏，菌苔薄，超过 35℃时生长停止。

猴头菇的菌丝体可以在低温下保藏。在 0~4℃的冰箱中保藏半年，接种后在适宜温度下培养，仍然生长旺盛。用石蜡油覆盖斜面后，于 0~4℃冰箱中保藏 1 年，仍有较强的生命力。

猴头菇在 6~24℃下均可以分化形成子实体，但以 16~20℃为最适宜。温度低，菌刺短，球块大，紧实，温度低于 12℃时子实体常常呈橘红色；温度过低，子实体分化与生长均缓慢，温度低于 6℃时子实体完全停止生长。温度高，子实体的菌刺长，球块小，松软，并往往会形成分枝状；温度过高，超过 25℃时子实体不能形成。

猴头菇对温度的适应性较易发生变化，当其中甘蔗渣、麦麸培养基上生长时，由于培养基材料疏松，通气性好，菌丝体容易分化形成子实体。如果在这种培养基上多次分离培养，子实体的形成就会越来越快，对温度的适应范围也会越来越广，原来只能在 22℃下形成子实体的亲本，其后代就能在 6~28℃范围内形成子实体。

（三）水分和湿度

水分是猴头菇的主要组成成分。鲜菌丝体和鲜子实体中，水分含量达 80%~90%。水分也是猴头菇生长的重要条件。猴头菇细胞的一切生化反应，都是在水的参与下进行的。营养成分的吸收和运输，酶的分泌，纤维素、木质素等复杂物质的分解利用，都必须在一定的水分条件下才能进行。但是，水分过多了又会影响培养基内空气流通，致使菌丝因呼吸困难而无法生长；还会使细胞原生质稀释过度，而降低抗力，并加速其衰老。

猴头菇生长发育中所需要的水分，主要来源于培养料和空气中的水蒸汽。猴头菇生长的适宜含水量，与培养基的物理性状有关。木屑等较紧密的培养基，要求较低的含水量，以 55%~65%为宜；甘蔗渣等、棉籽壳等较疏松的培养基，要求较高的含水量，以 65%~75%为宜。基质含水量与猴头菇生长的关系是：含水量较低，菌丝生长慢，细而密，细胞原生质浓，抗逆力强，不易衰老；含水量较高，菌丝生长快，细胞原生质稀，抗逆力差，较易衰老。

空气湿度对猴头菇的生长发育有很大影响。生产上常用相对湿度表示。相对湿度是同温度下水汽压与饱和水汽压的百分比，其数值表示当时空气中的湿度达到饱和的程度。猴头菇在不同的生长发育阶段，对空气相对湿度的要求不同。

菌丝体生长阶段，培养室内空气相对湿度保持 60% 左右即可。如湿度过高，棉塞及瓶、袋盖纸易受潮生霉，或促使瓶、袋过早出菇，致产量下降。湿度过低，又会造成培养基内的水分通过蒸发损失，影响菌丝生长。

子实体形成阶段，菇房（菇棚）内的空气相对湿度要求达到 85%~90%。在这样适宜的湿度条件下，子实体生长迅速，菇体洁白。若湿度低到 70%，由于猴头菇子实体表面没有角质、革质或蜡质等保护组织，是裸露状肉质块，很快即因散失水分颜色变黄，菌刺变短，生长变慢或停止，致使产量降低。特别是幼嫩子实体，湿度低时还会留下不能恢复的永久性斑痕。反之，湿度超过 95% 时，又会因通过气不良而使子实体畸形，多数表面为菌刺粗，球块小，分枝状，严重时不形成球块，产生担孢子多，味苦，抗逆力大大降低，易染病害。同时，湿度过高，还妨碍子实体蒸腾作用的正常进行。而子实体的蒸腾作用，是细胞原生质流动和营养物质输送的促进因素。

（四）空气

猴头菇是一种好气性真菌，必须在有充足氧气的条件下才能正常生长。它在生长发育过程中，需要不断吸收氧气，排出二氧化碳气，进行呼吸作用，产生能量，供猴头菇生长活动需要。由于二氧化碳对呼吸作用有抑制作用，因而猴头菇培养室空气中的二氧化碳含量不能超过一定限度。若二氧化碳含量过高，则生长受抑制；而二氧化碳含量低时，虽然呼吸作用旺盛，生长迅速，但是菌丝易老化。

猴头菇菌丝体和子实体的不同生长发育阶段，对二氧化碳的忍受能力是不同的。

在菌丝体阶段，猴头菇能忍受较高的二氧化碳浓度，可以在含二氧化碳 0.3%~1% 的空气中正常生长。因此，在有棉塞或包着牛皮纸的菌种瓶中，菌丝体生长很好。用通气不良的塑料薄膜包封瓶口，开始菌丝还能生长，随着二氧化碳浓度的提高，菌丝体生长速度则逐渐减慢，菌丝细弱，最后完全停止生长。

猴头菇子实体对二氧化碳极为敏感，通风不良，或空气中二氧化碳含量高时，对原基分化和子实体生长都有很大影响。空气中的二氧化碳浓度超过 0.1%时，子实体不易分化或菇柄拉长，并会刺激菌柄不断分枝，菌刺扭曲，球心发育不良，形成畸形子实体。所以，猴头菇培养室每天应定时通风换气，以排除过多的二氧化碳和其他代谢废气，补充新鲜空气。随着子实体的长大，通风换气的数量也应酌情增加。但通风时不能让风直接吹到菇体上，以防影响子实体正常生长。一般来说，猴头菇子实体生长阶段，空气中二氧化碳的含量以不超过 0.1%为宜。

（五）光线

猴头菇菌体没有叶绿素，不能进行光合作用。猴头菇菌丝在有光或黑暗条件下均能生长，在完全黑暗或 7~25 lx 的弱光下正常生长，生长速度近似。但是在较强的散射光线下，菌丝生长速度则大大减慢，其生长量仅为黑暗条件下的 40%~60%。这种不良影响，主要是由蓝色光线引起的，而红色光线对菌丝体生长的影响很小。因此，菌丝体的培养最好在黑暗条件下进行，避光培养还可防止过早出现子实体原基。

猴头菇子实体的形成和生长，都需要一定的散射光线。光线刺激是猴头菇子实体原基分化的必要条件之一。一般有 50lx 的光量，就可以刺激原基形成。值得注意的是，对菌丝体生长有抑制作用的蓝色光线，却对子实体原基分化特别有效。在蓝色光线下，不但分化速度快，原基的数量也多。子实体的正常生长，光照以 200~400 lx 为宜。光照超过 400 lx，子实体表面失水，颜色变黄，生长缓慢。直射光对子实体生长有抑制作用，因此在出菇阶段必须控制光照条件，避免阳光直射。

猴头菇的子实体没有向光性，而菌刺生长却有明显的向地性，在培养过程中，过多地改变容器放置的方向，就会形成菌刺卷曲的畸形菇。这种畸形菇，由于担孢子不能自然弹射，而使其味道变苦，或在子实体上出现次生菌丝，降低商品价值。

（六）酸碱度

酸碱度是影响猴头菇生长的一个重要环境因素。猴头菇是比较喜欢酸性的一种真菌,在平常栽培的几种食用菌中,猴头菇需要的pH值最低。只有在酸性条件下,猴头菇才能很好地分解培养基中的有机物质。

猴头菇的菌丝在pH值2.4~8.5的范围内均能生长。但是pH值在3以下或7以上,菌丝生长不良,菌落呈不规则状。以pH值5.5左右最好,不但菌丝生长好、粗壮、浓密、整齐、洁白,而且利于子实体原基形成和提高产量。制备猴头菇的母种培养基时,最好用苹果酸或柠檬酸进行酸化处理,以使菌丝生长良好。酸化处理的方法是,在无菌条件下,于普通马铃薯葡萄糖琼脂培养基灭菌后,凝固前,每管滴入灭过菌的0.5%苹果酸或柠檬酸数滴。切记不能在灭菌前滴入,那样在酸性条件下,琼脂会被破坏,从而造成灭菌后不凝固。

需要说明的是,配制原种、栽培种及生产用的培养基时,要将pH值适当调高1~2,使其成为pH值5.5~7.0。因为培养基中有些成

图2-9 自动化农业气象观测站

分经过高压或常压灭菌会变成酸性物质，使 pH 值下降；同时，猴头菇的菌丝生长后，在新陈代谢过程中也会产生一些有机酸，如醋酸、琥珀酸、草酸等。

生产中，为了使猴头菇的菌丝稳定生长在最适酸碱度下，大量栽培配制培养料时，常常要添加 1%~1.5% 的石膏粉或碳酸钙。一方面能提供猴头菇生长需要的钙、硫营养，另一方面能对培养料的酸碱度变化起缓冲或中和作用。

测定猴头菇培养料的酸碱度，用"广范试纸"即可。测试方法：左手握起一些调配好的培养料，右手取试纸 1 条，插入左手料中，紧握半秒钟后取出，与标准色版比较，即得 pH 值。若 pH 值高了，逐渐加粉碎的过磷酸钙调低；若 pH 值低了，慢慢加石灰调高，直至适宜为止。

随着信息技术、计算机技术、现代通信网络技术的快速发展，农业气象自动观测系统已在现代农业中广泛应用（图 2-9）。DZZ4 型自动化农业气象观测站具有气温、相对湿度、二氧化碳、总辐射和太阳有效辐射等气象要素的数据采集功能，能自动提供实时、动态、连续、客观和可靠的气象观测数据，直观反映猴头菇不同生育期的农业气象条件及其生长状况，为评估气象因子对猴头菇生长的影响和实现精准化管理提供科学依据（图 2-10）。

图 2-10　气象数据的收集与评估

第三章　猴头菇菌种繁育

俗话说，有收无收在于种，收多收少在于种。菌种是猴头菇栽培的前提和重要环节，其优劣直接关系到产量和质量，甚至关系到生产的成败。优质猴头菇菌种需具备3个条件：一是良好的种性，如高产、优质、抗逆性强等；二是纯度高，没有混杂，没有污染；三是活力强，没有老化、退化现象。

一、菌种场布局与设备

(一) 菌种场的布局

菌种场要求地势开阔、交通方便、远离污染源。菌种场的布局是根据菌种场所生产菌种的种型、生产工艺流程，确定与其相适应的厂房、设备和配套设施等。菌种场的布局是否合理，关系到工作效率和菌种污染率的高低。

菌种场应包括料场、晒场、配料室、灭菌室、冷却室、接种室、培养室、化验室、保藏室等功能场所。整个菌种场划分为非无菌区（备料、晒场、配料、栽培场）和无菌区（冷却、接种、培养、化验、保藏）两大区域。非无菌场所应设在菌种场下风向位置，办公、出菇试验等场所也应设在下风向的位置。

(二) 菌种生产设备

1. 配料、装料设备

（1）搅拌机。搅拌机是原种和栽培种生产的主要设备，用于将培养基配方中各组分培养料混合均匀。

（2）装瓶机。装瓶机是指将培养料装入菌种瓶的专用机械。

（3）装袋机。装袋机用于将混合均匀后的培养料填入塑料菌种袋，用于栽培种生产。装袋机有冲压式、推转式、手压式等多种形式。

此外，还可配置切片机、粉碎机、过筛机等。

2. 接种设备

（1）接种箱。有单人接种箱或两面双人接种箱两种。双人接种箱规格为 140cm×90cm×70cm，底板边缘有 30~35cm 高的侧板，箱体上部前后各有一扇能开启的斜面玻璃窗，便于操作时观察，并可开启用于取放物品。顶宽 30cm 左右。箱体侧板前后两侧各有直径为 13cm、中心距离为 43cm 的两个圆洞，洞口装有袖套。箱内顶部安装 20W 日光灯和 30W 紫外线灯各一盏。为便于散发热量，在顶板和两侧可留排气孔，孔径为 6~8cm，并覆以 8 层纱布过滤空气。单人接种箱规格为 140cm×70cm×60cm，顶宽 25cm（图 3-1）。

（2）超净工作台。超净工作台能让空气经预过滤器和高效过滤器除尘、洁净后，以垂直或水平层流状通过操作台，在局部创造高洁净度的无菌空间（图 3-2）。净化工作台一般要求安装在比其操作区空气洁净度低 2 级的洁净室（即 300 级），使用前应提前 20 分钟开机，而且要求间隔 3~6 个月，把粗过滤器拆下来清洗。

3. 灭菌设备

图 3-1　单人接种箱

图 3-2　超净工作台

母种培养基必须经过高压灭菌，不可常压灭菌，因此，必须配备各种类型的高压灭菌器。母种培养基灭菌最常用的是手提式高压灭菌锅，原种和栽培种培养基的灭菌可选用立式高压锅或卧式高压锅（图3-3）。

4. 培养设备

（1）控温系统。母种培养室适宜温度的调节设备有：电热恒温箱或隔水式电热恒温箱，空调或空间加热器。夏季温度较高的地区，应配备生化培养箱，用于降温培养。

原种、栽培种控温包括加热和降温。为满足食用菌菌种生产的需要，应具有暖风机、空调等加热、降温设备。

（2）培养架。培养架的架数、层数、层距要考虑到培养室的空间利用率以及检查菌种是否方便。培养架的规格一般为：高2m左右，5~7层，层距30~40cm，宽50~70cm，长度视房间而定。层板可用5cm厚的木板铺钉，木板间距为2~3cm，保证上、下层有较好的对流，使上、下层温度较一致。

5. 保藏与贮存设备

（1）冰箱或冷藏箱。冰箱或冷藏箱是中、低温菌类进行常规低

图3-3　立式高压灭菌锅

图3-4　生化培养箱

温保藏的控温设备，用以提供 4~5℃的保藏温度。

（2）生化培养箱。生化培养箱具有加温和降温两个控温系统，可作为培养箱使用，也可作为菌种保藏设备使用（图 3-4）。

（3）空调。夏季，菌种保藏室由于冰箱、冰柜的工作，室内温度将大大提高，影响冰箱、冰柜的制冷效果，有条件时可配备空调以降低室内温度。

二、菌种生产流程

我国的食用菌菌种实行母种、原种、栽培种的三级繁育程序。其生产流程如图 3-5 所示。

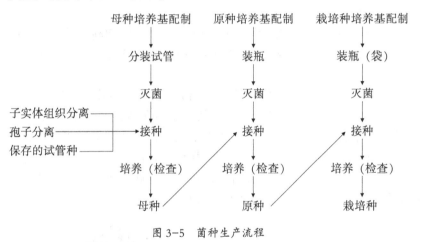

图 3-5 菌种生产流程

三、菌种生产技术

（一）母种生产

母种指经规范方法选育得到的具有结实性的菌丝体纯培养物及其继代培养物，以玻璃试管为培养容器，便于观察、鉴别，且易于保藏，也称一级菌种或试管种。

母种制作基本工艺流程：种源→培养基配制→分装→灭菌→冷却→接种→培养（检查）→成品。

1. 培养基配方与制作方法

（1）母种培养基配方。

① 马铃薯葡萄糖琼脂培养基（PDA）。马铃薯（去皮）200g，葡萄糖20g，琼脂20g，水1 000mL，pH值自然。也可以用蔗糖取代葡萄糖，即为PSA培养基。

② 综合马铃薯葡萄糖琼脂培养基（CPDA培养基）。马铃薯（去皮）200g，葡萄糖20g，磷酸二氢钾2g，硫酸镁0.5g，琼脂20g，水1 000mL，pH自然。

③ 马铃薯松针汁培养基。马铃薯（去皮）200g，鲜松针100g（热浸提液），葡萄糖20g，磷酸二氢钾2g，硫酸镁0.5g，琼脂20g，水1 000mL，pH自然。

④ 马铃薯蛋白胨综合培养基。马铃薯（去皮）200g，葡萄糖20g，蛋白胨2~4g，磷酸二氢钾2g，硫酸镁0.5g，琼脂20g，水1 000mL，pH自然。

（2）母种培养基制作。以PDA培养基为例，制作过程如下。

① 制备：将马铃薯先去皮，切成1cm见方的小块或2mm厚的薄片，置于钢精锅中，加水1 000mL煮沸，用文火保持20~30分钟（以煮到酥而不烂为准），然后用4层纱布过滤，取其滤液。往滤液中加入琼脂，小火加热，搅拌至琼脂完全溶解，再加入葡萄糖和其他营养物质使其溶化，补足水量至1 000mL。

图3-6 母种培养基分装

② 分装：制备好的培养基应趁热分装。常用的试管为 18mm×180mm 或 20mm×200mm 的玻璃试管。分装装置可用带铁环和漏斗的分装架或灌肠杯，分装量掌握在试管长度的 1/5~1/4（图 3-6）。分装完毕，塞上棉塞，7 支或 10 支一捆，用两层报纸或一层牛皮纸捆好放入灭菌锅。棉塞的长度为 3~3.5cm，塞入试管中的长度约占总长的 2/3。

③ 灭菌：母种培养基一般采用高压蒸汽灭菌。灭菌前，向灭菌锅内加足量水，然后将分装包扎好的试管直立放入灭菌锅套桶内，上面盖两层报纸或一层防水油纸（图 3-7）。盖上锅盖，对称拧紧螺丝，开始加热。当压力升至 0.05MPa 时，打开放气阀，放净锅内气体，然后再关上。当压力升至 0.11~0.12MPa 时，保持 30 分钟。停止加热，缓慢减压，待压力自然下降到零时打开放气阀，缓慢排出残留蒸汽。打开锅盖，如果棉塞潮湿，可在打开锅盖后，稍留一缝盖好，让锅内蒸汽逸出，利用余热将棉塞烘干。

图 3-7　母种培养基灭菌

④ 摆放斜面：打开锅盖后，如果立即摆放斜面，由于温差过大，试管内易产生过多的冷凝水。所以，为防止试管内形成过多冷凝水，不宜立即摆放斜面。一般情况下，高温季节打开锅盖后自然降温 30~40 分钟，低温季节自然降温 20 分钟后再摆放斜面。斜面的长度以斜面顶端距棉塞 4~5cm 为标准。斜面摆好后，在培养基凝固之前，不宜再行摆动（图 3-8）。

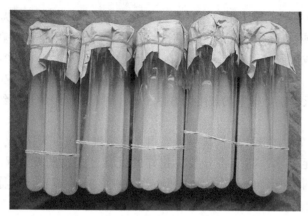

图 3-8　空白斜面试管

2. 母种的分离

采用无菌操作，将猴头菇从混杂的微生物群体中分离出来进行纯培养，从而获得纯菌丝体的方法，称为菌种分离，分离所得的纯菌丝体即为原始母种。猴头菇的菌种分离，一般采用组织分离法、孢子分离法和基质分离法。

（1）组织分离法。选择出菇早，生长旺盛，符合本品种特征，菇型正常，大小适中，颜色洁白，菌刺丰满，无病虫害的头潮菇做种菇。

在无菌条件下，将菇瓣成两半，用火焰灭过菌的解剖刀在菇的中部切取菌肉，再用接种针钩取小块菌肉，迅速接入斜面培养基上，抽出接种针，塞上棉塞（图 3-9）。把已经分离好的试管放在 22~

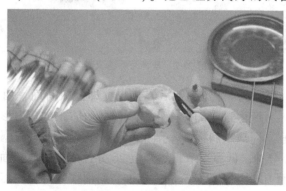

图 3-9　组织分离

25℃的条件下培养，3天后在组织块周围长出白色菌丝，20~25天菌丝可长满斜面，即为原始母种。一般要求分离多支试管，以便进行选择。

（2）孢子分离法。选择种菇应从菌丝开始，要选菌丝生长粗壮，无病虫杂菌，出菇均匀，发育正常，且正在散孢子的单生菇。最好从纽扣大小就插上标记，观察长势，经过比较，留下2~3个最优秀者作为种菇，达八九成熟时采收。

猴头菇子实体肥大，肉厚，用整个子实体采收孢子，由于菇体呼吸量大，孢子收集器中会充满水蒸气，孢子不易散落，所以可用其带菌刺的部分组织块采收孢子。分离时，在无菌条件下用锋利快刀切取一块子实体（一定要带菌刺），迅速将子实体插在孢子收集器的三角架上，或吊在灭过菌的三角瓶中，瓶口塞好棉塞，置于16~18℃的温度、有散射光的环境中培养。孢子散落后，将孢子收集器移至无菌室或无菌箱中，先弃去已落下孢子的子实体，再向有孢子的培养皿中注入无菌水，稀释孢子液，然后用接种针蘸取孢子稀释液，在PDA培养基上划线分离或用针筒吸取孢子液注射在PDA培养基上，摇动，使孢子液均匀分布于培养基表面。然后放在22℃左右下培养，7~8天后可见孢子萌发。12~13天时，挑取单个孢子的菌落放在斜面试管培养基上培养。

猴头菇孢子具四极性，即孢子有A、a、B、b 4种，A和B或a和b孢子萌发的单核菌丝经过质配，获得的双核菌丝才能形成子实体，A和b、a和B孢子萌发的菌丝相互结合形成的双核菌丝，不能形成子实体。A和a、B和b孢子萌发的单核菌丝相互不能结合，不能进行质配。猴头菇孢子萌发后，挑取单个孢子萌发的单菌落培养，并将单菌落的菌丝试管编号，再分别挑取两个单核菌丝放在同一空白培养基的试管中培养。若两个菌丝结合，接触处边界最后无拮抗线，且从接触处再生长的菌丝比原来的菌丝粗壮、生长快，能在基质培养基上良好生长，在显微镜下观察有锁状联合，表明已质配。质配成功的菌丝要进一步培养、扩大繁殖，并经过出菇试验，才能确定菌种性状的优劣。产量和质量优良，种性稳定的菌种，才可用于生产。

猴头菇也可采用多孢分离获得菌种。多孢分离是对猴头菇子实体散落的孢子不予单个分开，而是把许多孢子混合在一起培养，孢子萌发后从中选菌丝生长好的菌落繁殖扩大而获得的菌种。但这种方法获得的菌种纯度较低，很可能混有杂菌，菌种性状变化也较大。

（3）基质分离法。在盛产猴头菇的季节，到深山老林中寻找野生猴头菇。选择出菇多，菇体大，生长健壮，无病虫害，出菇1~2年的菇木。

把选好的菇木晾干，在子实体生长的部位锯取约2cm长的小段，放在0.1%升汞水或75%酒精中浸泡约1分钟，取出用无菌水冲洗2~3次，再用无菌纱布吸干。放在无菌纱布上，用无菌刀把木块四周切去，再将种木切成半根火柴棍大小，截去两头，移接到斜面培养基中。把接有种木的试管放在25℃条件下培养，2~3天后，种木上长出白色菌丝，说明分离成功。

3. 母种的扩繁

由于分离或引进的原始母种数量有限，不能满足生产所需，因此需进行扩大培养，通常原始母种允许扩大转接3~4次，转接培养出的母种均称继代母种，然后再用于繁殖原种和栽培种。下面以接种箱为例介绍母种的转接过程（图3-10）。

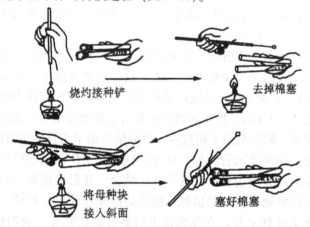

烧灼接种铲　　去掉棉塞

将母种块　　塞好棉塞
接入斜面

图3-10　母种的转接过程

接种前，将空白的斜面培养基及所有接种用具、物品放入接种箱，用药物熏蒸或紫外线消毒30分钟。手、接种针用75%的酒精消毒，而后点燃酒精灯。左手平托母种试管和另一支待接种的试管斜面，菌种在外，试管斜面在内，右手持接种针。接种针首先在酒精中浸蘸一下，后在火焰上方灼烧片刻。在酒精灯火焰上方拔下试管斜面棉塞，夹于右手指间，接种针冷却后进入母种试管切取 3~5mm 见方的母种一块，迅速转移至待接试管斜面中央位置，再烤一下试管口，塞上过火焰的棉塞（3-11）。如此反复操作，1 支母种可转接扩繁 30 支左右试管。接完种的试管，贴上标签，或用记号笔写明菌种名称及接种日期等。工作结束后，及时清理接种箱，然后将转接的试管放在培养室中培养。

图 3-11 母种转接扩繁

图 3-12 试管母种

4. 培养与检查。

接种后的母种移到 24℃左右的培养箱或可调温的培养室中培养。2~3 天后，检查菌丝的生长及杂菌污染情况。若在远离接种块的培养基表面出现独立的小菌落或奶油状小点，即为污染，应立即淘汰；若菌丝纤细，前端生长不均匀，也应淘汰。如果间隔时间过长才检查，杂菌菌落可能会被旺盛生长的菌丝所掩盖，一旦用于生产，会带来很大损失。经过 20~25 天的培养，菌丝即可长满试管培养基的斜面，成为生产上所用的母种（图 3-12）。

（二）原种、栽培种生产

原种也称为二级种，是指由母种移植、扩大培养而成的菌丝体纯培养物。栽培种是由原种移植、扩大培养而成的菌丝体纯培养物，又称为三级种。

原种（栽培种）生产工艺流程：母种（原种）→配料→装瓶→灭菌→冷却→接种→培养（检查）→成品。

1. 培养基配方与制作方法

（1）培养基配方：

① 阔叶树木屑 78%，麦麸（或米糠）20%，蔗糖 1%，石膏粉（或）碳酸钙 1%，含水量 60%。

② 棉籽壳 80%，麦麸 18%，蔗糖 1%，石膏粉 1%，含水量 62%~63%。

③ 棉籽壳 50%，阔叶树木屑 33%，麦麸 15%，石膏粉 1%，蔗糖 1%，含水量 60%~62%。

（2）制作过程：

① 选定配方：按配方要求分别称取各种营养物质。

② 加水拌料：先将蔗糖、石膏粉等可溶性辅料溶于水，其他原料混合干拌，再把水溶液倒入，搅拌均匀。拌料关键是要拌匀，规模较大时要有拌料机，利用拌料机拌出的料质量好。搅拌均匀后堆闷 2 小时左右，用手紧握一把料时，指缝间有水渗出而不滴下为宜（含水量 60%~65%）。

③ 装瓶（装袋）：装至瓶肩处，料面压平，擦净瓶口内外侧，培养基的松紧度以下部稍松、上部稍实为好。

④ 打洞封口：料装好后，洗净瓶壁及瓶口内侧（图3-13）。用直径为1.5~2cm的锥形木棒在料中央打孔，深至瓶底，然后塞棉塞（图3-14）。

图3-13　洗净瓶口

图3-14　塞棉塞

栽培种可选用15cm×28cm的聚丙烯塑料袋（也有使用13cm×28cm、12cm×24cm的塑料袋）。装料高度达12~15cm（装干料150g左右），将料面用手压平。装料结束后清洁袋口，套上内直径3.5~4cm、高3~3.5cm的套圈，盖上盖子或塞好棉塞。

2. 灭菌与接种

（1）灭菌。装瓶（袋）完毕后，必须马上灭菌，不可隔夜，尤其是夏季高温季节，放置时间过长，培养料很容易酸败。原种培养基配制后应在4小时内装进灭菌锅（图3-15）。高压蒸汽灭菌具体操作过程如下。

图 3-15 原种栽培种高压灭菌

① 装锅：装锅时，原种瓶（袋）要倒放，瓶（袋）口朝向锅门，如瓶（袋）口朝上，最好上盖一层牛皮纸，以防棉塞打湿。

② 放气：装完锅后，关闭锅门，拧紧螺杆。将压力控制器的旋钮拧至套层，先将套层加热升压，当压力达到 0.05MPa 时，打开排气阀放气。当锅内冷气排净后，关闭排气阀。为确保灭菌彻底，可连续放气两次。

③ 灭菌计时：当压力达到 0.14~0.15MPa 时，保持 2 小时。灭菌时间应根据培养基原料、瓶（袋）数量，进行相应调整。装容量较

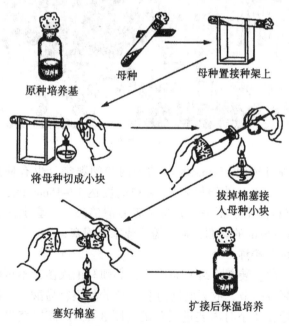

图 3-16　母种扩接为原种

大时，灭菌时间要适当延长。

④ 关闭热源：灭菌达到要求的时间后，关闭热源，使压力和温度自然下降。灭菌完毕后，不可人工强制排气降压，否则会造成菌种瓶(袋)由于压力突变造成破裂。当压力降至零后，打开排气阀，放净饱和蒸汽，放汽时要先慢排，后快排，最后再微开锅盖，让余热把棉塞吸附的水汽蒸发。

⑤ 出锅：打开锅盖，取出菌种瓶（袋）。然后搬入预先消毒处理过的洁净的冷却室。

（2）接种：料温冷却到 28 ℃以下时，将接种瓶放入接种箱，在无菌条件下接种，每支母种接 4~6 瓶原种（图 3-16），每瓶原种接30~50 瓶（袋）栽培种（图 3-17）。接种前，要严格检查所使用菌种的纯度和生活力，主要是检查菌种内或棉花塞上有无由霉菌及杂菌侵入所形成的拮抗线、湿斑，有明显杂菌侵染或有怀疑的菌种、培养基开始干缩或在瓶壁上有大量黄褐色分泌物的菌种、培养基内菌丝生长稀疏的菌种、没有标签的可疑菌种，均不能用于菌种生产。

图 3-17　原种扩接为栽培种

图 3-18　菌丝生长

图 3-19　菌种培养

3. 培养与检查

在使用培养室前2天，要对培养室进行清洁和采用药物消毒处理。除此之外，培养期间还要做好两项工作，一是环境条件的调控，二是对菌种生长情况的检查，及时拣出污染、生长不良的个体。

（1）环境条件的调控。根据猴头菇菌丝体生长对温度、湿度、光照和通风的要求，通过增温和降温、开关门窗、关启照明设备等方法，以满足猴头菇菌丝生长的需要（图3-18、图3-19）。

① 温度：猴头菇菌丝耐高温性较差，此外，高温高湿还易导致污染。所以，培养温度切勿过高，以菌丝生长的最适温度或稍低于最适温度为宜。菌丝生长发育期间，其呼吸作用会使培养料的温度高于环境温度2~3℃，培养室温度应控制在低于菌丝生长最适温度2~3℃。在温度偏低的情况下培养，又极易在表面形成子实体原基。因此，培养温度最好控制在（24±1）℃，切忌偏低。

② 湿度：培养室空气相对湿度控制在75%以下。高温季节尤其要注意除湿。采用空调降温，降温同时可以除湿。低温高湿的梅雨季节，可采取加温排湿。

③ 光线：猴头菇菌丝生长不需要光线，因此培养室要尽量避光。特别是培养后期，上部菌丝比较成熟，见光后易形成原基。

④ 通风：猴头菇是好气性真菌，菌丝生长需要充足的氧气。氧气不足，菌丝体活力下降，菌丝呈灰白色。因此，要注意培养室的通风换气。

（2）菌种生长的检查。原种和母种一样，在培养期间要定期进行检查，以及时淘汰劣质菌种和污染个体。

原种接种后4~7天内进行第一次检查，表面菌丝长满之前进行第二次检查，菌丝长至瓶肩下至瓶的1/2深度时进行第三次检查，当多数菌丝长至接近满瓶时进行第四次检查（图3-20）。

图3-20 原种生长检查

经过 4 次检查后一切都正常的菌种才能成为合格成品，检查时主要进行以下几个方面的工作：

① 萌发是否正常：在检查过程中，要求逐瓶检查，不可遗漏。如发现菌种萌发缓慢或菌丝纤细者，及时拣出。

② 有无污染：每一次检查，都要仔细检查是否有污染，特别是原种尚未长满表面之前，要仔细观察，看是否有其他菌落的生长。

③ 活力和生长势：在原种上，菌丝的活力和生长势主要表现在菌丝的粗细、浓密程度、洁白度和整齐度等。在检查过程中，要及时挑出那些菌丝细弱、稀疏、无力、边缘生长不健壮、不整齐的个体。猴头菇菌丝在 25℃条件下培养 30 天可长满全瓶（袋）。

四、菌种质量标准与鉴别方法

（一）各级菌种质量标准

1. 母种

母种感官要求应符合表 3-1 规定。

表 3-1 母种感官要求

项 目		要 求
容器		完整，无损
棉塞或无棉塑料盖		干燥、洁净、松紧适度，能满足透气和滤菌要求
培养基灌入量		试管总容积的 1/5~1/4
斜面长度		试管总长度的 2/3
接种块大小（接种量）		(3~5) mm×（3~5) mm
菌种外观	菌丝生长量	长满斜面
	菌丝体特征	色泽洁白，菌丝平贴、点片状或星芒状，基内菌丝发达，气生菌丝短、稀、细
	菌丝体表面	菌丝生长不均匀，无或有少量珊瑚状原基，无角变
	菌丝分泌物	无
	菌落边缘	整齐
	杂菌菌落	无
斜面背面外观		培养基不干缩，颜色转为褐色，且由接种点向外延伸逐渐变淡、无暗斑
气味		有猴头菇菌种特有的香味，无酸、臭、霉等异味

2. 原种和栽培种

原种、栽培种感官要求应符合表 3-2 规定。

表 3-2　原种、栽培种感官要求

项　目		要　求
容器		完整，无损
棉塞或无棉塑料盖		干燥、洁净、松紧适度，能满足透气和滤菌要求
培养基上表面距瓶（袋）口的距离		50mm±5mm
接种量		每支母种接原种 4~6 瓶，接种物 ≥12mm×15mm；每瓶原种接栽培种 30~50 瓶（袋）。
菌种外观	菌丝生长量	长满容器
	菌丝体特征	色泽洁白，菌丝浓密、粗壮
	培养物表面菌丝体	生长均匀，无角变，无高温抑制线，无或有少量原基
	培养基及菌丝体	紧贴瓶壁，无干缩，木屑培养基转为淡黄褐色
	培养物表面分泌物	无，允许有少量无色或浅黄色水珠
	杂菌菌落	无
	拮抗现象	无
	子实体原基	无
气味		有猴头菇菌种特有的清香味，无酸、臭、霉等异味

（二）菌种质量鉴别方法

菌种感官检验方法如下。

1. 母种

母种的感官检验项目包括容器、棉塞、斜面长度、菌种生长量、斜面背面外观、菌丝体特征、分泌物、杂菌菌落、子实体原基、颉颃现象及角变（图 3-21）。

（1）肉眼观察试管有无破损。

（2）手触棉塞是否干燥；肉眼观察是否是用梳棉制作，对着光源仔细观察是否有粉状霉菌；松紧度以手提棉塞脱落与否判定，脱

图 3-21 母种检验

落者为不合格；透气性和滤菌性以塞入试管长度达到 1.5cm，试管外露长度达到 1cm 为合格。

（3）斜面长度用卡尺测量。

（4）肉眼观察检验菌种外观以及斜面培养基边缘是否与试管壁分离。

（5）在无菌条件下拔出棉塞，将试管置于距鼻 5~10cm 处，屏住呼吸，用清洗干净、酒精擦拭消毒过的手在试管口上方轻轻煽动，顺风鼻嗅气味。

2. 原种和栽培种

（1）肉眼观察容器有无破损。

（2）手触棉塞是否干燥；肉眼观察是否是用梳棉制作或用无棉塑料盖，对着光源仔细观察是否有粉状霉菌；棉塞松紧度以拔出和塞进不费力为合格，透气性和滤菌性以塞入容器内长度达到 2cm，外露长度达到 1cm 为合格。

（3）用卡尺测量培养基上表面距瓶（袋）的距离；原种、栽培种接种量检查生产记录。

（4）肉眼观察菌种外观、杂菌菌落。

（5）在无菌条件下拔出棉塞，将试管置于距鼻 5~10cm 处，屏住呼吸，用清洗干净、酒精擦拭消毒过的手在试管口上方轻轻扇动，鼻嗅气味。

在菌种成品质量检验中，包装检验也是菌种质量检验的重要方

图 3-22 猴头菇原种

图 3-23 猴头菇栽培种

面，要按包装材料、装箱要求、标签、标志等标准要求逐项检查（图 3-22、图 3-23）。

五、菌种保藏

（一）母种保藏

猴头菇母种保藏的方法有很多种，生产中最常用的是斜面继代低温保藏。这种方法是根据低温能抑制猴头菇菌丝生长的原理，将需要保藏的菌种接种在斜面培养基上，适温培养，当菌丝健壮地快长满斜面时取出，放在 3~5 ℃低温干燥的冰箱中保藏，每隔 3~4 个月移植转管一次。生产中常常因保藏的菌种未及时转接，使培养基干缩导致菌种老化，这一点须引以重视。

科研单位采用液氮保藏法。将平板培养的菌丝块装入含有经灭菌的甘油、二甲基亚砜等冷冻保护剂的安瓿瓶或聚丙烯安瓿管中，

图 3-24 液氮室

把装有菌种的安瓿瓶或安瓿管放入液氮罐内，在-196℃下可长期保藏（图 3-24）。

猴头菇菌种极易在斜面培养基上发生珊瑚状原基，因此在保藏过程中，要注意查看是否有菇蕾产生（图 3-25）。若发现斜面培养

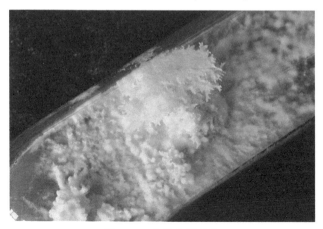

图 3-25 试管菇蕾形成

基上已经产生子实体，且有白色孢子掉落下来，说明该菌种的纯度发生改变。这样的菌种应废弃。

（二）原种、栽培种的贮藏

较高温度会使菌丝细胞生理代谢加快，加速老化；光线可以刺激子实体原基的形成，从而消耗菌种的大量养分；较高的湿度环境会使菌种棉花塞吸潮，导致霉菌感染。因此，贮藏菌种原则上要避免高温，要降低温度、光照等因素对菌种的不良影响。原种、栽培种应在适温（< 26℃）、干燥（相对湿度60%~70%）、通风、清洁、避光的室内保藏。菌种在运输途中温度应低于26℃，装车后及时启运，在运输中需有防震、防晒、防潮、防污染措施。

第四章 猴头菇栽培技术

20世纪90年代之前是用瓶子进行猴头菇子实体培养。90年代后，采用塑料袋栽培猴头菇，即将培养料装在塑料袋中，经灭菌、接种、培养，然后控制栽培条件长出子实体。工厂化生产是猴头菇产业发展的一个重要方向，将逐步取代传统栽培方式，但目前猴头菇工厂化生产还处于探索性阶段。

一、猴头菇瓶栽法

猴头菇瓶栽法的优点是管理方便，出菇整齐，菇形结实而且有短菇柄，菇体美观，商品率高，加工罐头最为理想。缺点主要是用瓶量大，一次性投入成本高，花费工时多，而且相比袋栽方法产量低。

（一）场地与设施

场地与设施是生产猴头菇的基本条件，要根据当地具体情况及经济条件，科学地进行选择。

1. 场地选择

生产场地应选择生态环境良好，水质优良，无有毒有害气体，周围300m无各种污水及其他污染源。具体应具备以下几个条件：地形开阔，地势高燥；环境清洁，远离作坊；水源充足，交通方便；不宜市内，郊野最好。浙江省常山县在猴头菇技术推广中发现，在村子中央，人口比较稠密，通气不良的环境下，猴头菇生长的就不好；在烧煤二氧化碳较多的地方，猴头菇的子实体不仅小，而且多数是畸形的；而在村边、山坡、溪边生产出来的猴头菇子实体就个儿大，结实，质量好。但是，在通风过大的地方，比如河边及山谷的风口上，由于失水过快，猴头菇也生长不好。

2. 栽培设施

猴头菇的栽培菇房周围要有一个清洁的环境，要求坐北朝南，通气性好，空气新鲜。生产猴头菇还需要一些设施，即贮料库、晒料场、拌料间、灭菌灶、接种室、发菌室和出菇房。发菌室要求保温、黑暗、通气，出菇房要求保温、保湿、通气、有光，地面要求平整，要有地窗、门窗；菇房内要求砌几根高 1m 左右的砖柱以挡住栽培瓶，走道留 1.2m 左右，瓶子堆叠 15 个高为宜。栽培菇房可充分利用现有房舍、地下室、防空洞，或在房前屋后搭盖简易棚等。

(二) 栽培季节

在目前条件下，猴头菇子实体都是在自然条件下生长。因此，要取得栽培猴头菇的高产优质，要获得猴头菇生产的最大经济效益，就必须随从自然气候。在自然气候条件最适宜的时候接种栽培，在最佳季节让其出菇生产。这就需要研究猴头菇的生育特性，掌握当地的气候规律，从而科学地安排生产。

1. 生育特性

栽培猴头菇要考虑到菌丝体及子实体的适宜生长温度。猴头菇属中温发菌，偏低温出菇的菌类。猴头菇菌丝的适宜生长温度是 (25±2) ℃，塑料袋菌种培养时间需 35~40 天，子实体的适宜生长温度是 16~20℃，高于 20℃，子实体生长不良，低于 12℃时，子实体生长就十分缓慢。子实体发生成长时，不但温度要适宜，而且空气湿度要大，相对湿度要求达到 85%~90%。

猴头菇从投料接种到采收结束，一般需 100 天左右。其中菌丝体培养 25~30 天，而后就转入生殖生长阶段。

2. 气候条件

栽培猴头菇还要考虑到自然气温的变化，要根据当地气象资料来确定季节。根据我国的气候条件，不论南方或北方，都可春、秋两季生产猴头菇。这样正好能利用了有利的气候条件，避免了不利的气候条件。就以江南来说，春季 1—2 月接种，正好自然气温回升，空气相对湿度十分适宜猴头菇子实体生长。秋季 9—10 月接种，此时气温由高到低，正好适宜发菌和出菇的正常要求。

3. 具体安排

就某一个地方来说，进行猴头菇的生产安排时，要根据当地气候情况，掌握两个原则，一是接种后菌丝生长期，气温不得超过30℃；二是从接种日起，往后推 30 天，气温不得超过 25℃，以免影响子实体的形成与生长。

实践证明，猴头菇最理想的栽培季节是：我国北方 3—5 月接种，5—8 月出菇；江浙一带 9—10 月接种，11 月至翌年 4 月出菇；福建东部地区，由于海拔较高夏季较为凉爽，接种时间可提前至8—9 月，出菇时间为 10—12 月和翌年 3—5 月。

(三) 培养料制备

1. 原料选择

优质原料是猴头菇高产优质的基础，最佳配方是猴头菇稳产、高产的保证。为此，栽培猴头菇一定要在当地选择适于它生长发育的优质原料和最佳配方。培养料的选择，应该根据当地资源情况，因地制宜地采用。

猴头菇是一种木材腐生菌，需要含有木质素、纤维素、半纤维素、淀粉、蛋白质等碳、氮源养分的植物材料为培养原料。蔗糖、葡萄糖、氨基酸等碳、氮源养分，对于培养猴头菇菌丝体是一种非常好的营养源，但对于培养猴头菇子实体则是一种不很好的原料，因为这些成分都是速效成分，在培养过程中，早期很快被利用掉，到长子实体时，营养成分已不足了。目前，还没有以纯蔗糖、葡萄糖、氨基酸为碳、氮源养分大量生产猴头菇子实体的经验。

(1) 主要原料。培养猴头菇子实体的原料有棉籽壳、各种阔叶树木屑、酒糟、玉米芯、甘蔗渣、各种植物的茎秆和种籽、果壳。这些原料中分别含有猴头菇子实体所需的碳、氮源养分和大部分微量元素，在代料栽培时，这些原料都要进行粉碎，然后再以适当的比例配合，配成培养料。这些原料中磷、镁、钙矿物养分大多含量不足，所以适当添加这两种原料可使猴头菇生长更好。

适合于栽培猴头菇的原料主要有以下几种：

① 木屑：目前，木屑仍然是栽培猴头菇的主要原料。适合猴头

菇生长的木屑有：麻栎、枹栎、拴皮栎、青冈栎、高山栎、蒙古栎等栎树木屑，柞、橡、椴、桦、米槠、胡桃和山毛榉等木屑，以及果树枝条和桑枝条木屑。干木屑一般含粗蛋白 1.5%，粗脂肪 1.1%，粗纤维（含木质素）71.2%，可溶性碳水化合物 25.4%。碳氮比（C/N）约为 492:1。针叶树和樟树、桉树因其含有树脂、酚、芳香族物质等某些有害成分，所以不能直接用于栽培猴头菇。若要应用，则需经60~90 天的湿热堆制发酵，或加水蒸煮、曝晒等处理，以挥发驱除其芳香类有害成分后方可应用。

② 棉籽壳：棉籽壳质地松软，吸水性强。含蛋白质 6.85%，脂肪 3.1%，粗纤维 68.6%，可溶性糖 2.01%，全氮 1.2%，全磷 0.125%，全钾 1.3%。碳氮比（C/N）为 28:1。棉籽壳是猴头菇代料栽培使用最广的一种原料，其中含绒量多的，质量优于含绒量少的。棉籽壳栽培猴头菇，比木屑产量高 0.6~1 倍，出菇期提前 4~6 天。

③ 甘蔗渣：新鲜甘蔗渣，含水分 8.5%，有机质 91.5%，其中粗蛋白质 1.5%、粗脂肪 0.7%、粗纤维 44.5%、可溶性碳水化合物 42.0%、灰分 2.9%。碳氮比（C/N）为 84:1。甘蔗渣栽培猴头菇的生物学效率较高，是制药工业用以培养猴头菇菌丝体指定培养料。甘蔗渣有较多的可溶性糖类，在高温条件下容易污染链孢霉等杂菌，因此生产上必须选用新鲜色白、无发酵酸味、无霉变的甘蔗渣。

④ 酒糟：酿酒厂的下脚料，其营养成分除受原料影响外，还受夹杂物的影响。如为了多出酒，常在原料中掺和些稻壳，以疏松通气。用高粱酒糟栽培猴头菇较好，菌丝生长速度比木屑快，出菇期一般可提前 4~6 天。利用金刚刺酿酒残渣栽培猴头菇，比木屑产量高 1.5 倍，生产周期缩短 1/2；其氨基酸和必需氨基酸含量是棉籽壳的 1.5 倍，而且子实体质地坚实，口味更好。

⑤ 玉米芯：脱了粒的玉米穗轴，打碎后是栽培猴头菇较好原料。干玉米芯含水分 8.7%，有机质 91.3%，其中粗蛋白 2.0%、粗脂肪 0.7%、粗纤维 28.29%、可溶性碳水化合物 58.4%、粗灰分 2.0%。碳氮比（C/N）约为 100:1。提炼过木糖醇的玉米芯渣，pH 值 3~4，是栽培猴头菇的很好原料。

另外，根据猴头菇的菌丝对氮源及培养基酸度要求较高的特性，设计配方时，应多加一点麦麸或米糠等含氮量较高的物质。试验表

48

明，在一定范围内，随配料中麦麸增加，猴头菇子实体产量提高。但要有限量，否则子实体呈分枝松散状。

（2）辅助原料。由于木屑、棉籽壳、玉米芯、甘蔗渣等原料含氮量较低，所以需要补充含氮素较高的辅助物质来加以调整，生产上常用的辅助物质有麸皮、米糠、玉米粉等。由于猴头菇菌丝要在偏酸的环境下生长，且最适酸碱度范围较窄，所以在培养料中还要加入适量的缓冲剂，进行酸碱度的调节，这类物质主要是石膏和碳酸钙，其需要量虽小，但不可缺少。

① 麦麸：麦麸（麸皮）是面粉厂加工面粉时的下脚料，含有小麦的表皮、果皮、种皮、珠心、糊粉等。营养十分丰富，含有粗蛋白 13.5%，粗脂肪 3.8%，粗纤维 10.4%，可溶性碳水化合物 55.4%，粗灰分 4.8%。含碳 69.9%，含氮 11.4%，碳氮比为 6.1:1。麸皮是猴头菇栽培最重要的辅料，对调节培养基的碳氮比，提高猴头菇菌丝对培养基营养的吸收利用，促进菌丝生长和子实体分化起重要的作用。麸皮容易滋生霉菌，因此一定要保证新鲜、不结块、不霉变。

② 米糠：米糠是稻谷加工后的下脚料，营养物质较为丰富。由于其精制程度不同，所含的营养物质也不一样。一般细米糠含粗蛋白 10.88%，粗脂肪 11.70%，粗纤维 11.5%，可溶性碳水化合物 45.0%，灰分 10.5%。含碳 49.7%，含氮 11.4%，碳氮比 4.4:1。米糠的选择原则与麸皮一样，要选择新鲜无霉变、无虫蛀，不板结的米糠作为猴头菇栽培原料。

③ 玉米粉：玉米粉由玉米加工而成，因品种与产地的不同，其营养成分也有所不同。一般玉米粉中含有粗蛋白 9.6%，粗脂肪 5.6%，粗纤维 3.9%，可溶性碳水化合物 69.6%，灰分 1%。含碳 50.92%，含氮 2.28%，碳氮比 22:1。玉米粉中的维生素 B_2 含量高于其他谷物，在培养基中加入 2%~3% 的玉米粉，可以增加营养源，加强菌丝的活力，提高产量。

④ 石膏粉：石膏粉即硫酸钙，生石膏（$CaSO_4 \cdot 2H_2O$）煅烧后即为熟石膏。石膏粉添加量为 1%~2%，具有提供钙、硫元素，调节 pH 值的作用。栽培猴头菇选择农用石膏即可，价格便宜，生、熟石膏均可用，粗细度为 80~100 目为宜。

⑤碳酸钙：碳酸钙又称白垩，弱碱性，纯品为白色结晶体或粉

末，难溶于水。添加量为 1%，具有提供钙素、调节 pH 值、防止培养料酸败等功效。碳酸钙一般在高温季节配制培养料时添加使用，在生产上石膏粉和碳酸钙一般使用一种即可，如要一起使用，每种用量都要减半。

2. 常用配方

近年来，有不少食用菌研究者，为了找到栽培猴头菇的培养料最佳配方，进行了科学的对比试验。猴头菇瓶栽常用的几种配方如下：

（1）棉籽壳 55%，木屑 12%，麦麸 10%，米糠 10%，玉米粉 7%，棉籽饼 5%，石膏粉 1%。

（2）玉米芯 55%，木屑 10%，麦麸 10%，米糠 10%，玉米粉 7%，棉籽饼 7%，石膏粉 1%。

（3）玉米芯 30%，棉籽壳 25%，麦麸 10%，木屑 10%，米糠 10%，玉米粉 7%，棉籽饼 7%，石膏粉 1%。

（4）酒糟 38%，棉籽壳 40%，麦麸 20%，石膏粉 2%。

3. 拌料

各地栽培猴头菇的原料来源广泛，栽培者可根据当地资源条件，选择适宜的培养料和辅料。采用棉籽壳为栽培主要原料，要提前 10~12 小时将棉籽壳按 1:1 料水比预湿。玉米芯吸水速度很慢，也应先将其预湿后再用。木屑或甘蔗渣在拌料前一定要先过筛，拣掉尖利的木片和杂物。然后按照配方的要求比例，准确称量，放在水泥地面上搅拌。拌料时，把棉籽壳、木屑等主料，在地面堆成小堆，再把麦麸、米糠、石膏等辅料，由堆尖分次撒下，用铁锹反复拌和，然后加水反复翻拌，使料水混合均匀，含水量控制在 65%~70%，即用手捏料有 3~4 滴水。有条件的地区可购置拌料机，操作时，只要分别把棉籽壳，木屑、麦麸等投入拌料机，开动 2~3 分钟，即可完成。不但提高效率，减轻劳动强度，而且拌料均匀，效果更好。

在配制培养料的的过程中，一是要严格控制含水量，含水量偏高，透气性差，菌丝蔓延速度降低，而且容易引起杂菌污染；含水量过低，菌丝稀疏、细弱，生活力降低。用木屑等较紧密的培养料，含水量以 55%~65% 为宜；用棉籽壳等较松软的培养料，含水量以 65%~70% 为宜。棉籽壳培养料含水量的简单测试方法：用手抓一把搅拌好的料，紧握，指缝间有 2~3 滴水渗出，说明含水量已达要求。如果水珠下滴，是含水量太高，需加一点干料，搅拌后再测；如指缝间仅稍有水渗出，是含水量不足，应往其中再洒一点水。二是培养料的酸碱度要适宜，猴头菇喜偏酸的环境，适宜的 pH 值 6 左右。一般培养料经过灭菌后，pH 值会有所下降。三是拌料后要抓紧时间装料。若拖延时间，培养料会发酵变酸，容易导致杂菌滋生。

4. 装瓶

栽培瓶一般选用 750mL 的广口瓶或 500ml 的罐头瓶。选用 750mL 栽培瓶，以颈长 3cm、口径 4~4.5cm 为好。口径小于 4cm，会导致菇体变小、菇形变差。罐头瓶容积较小，装料量不足，影响产量，规模生产不宜选用。

采用 750mL 菌种瓶栽培猴头菇，手工装料或机械装料。手工装料时用手直接将培养料装入瓶中，边装边振动，压实，料装至离瓶口 2.5~3cm 的瓶颈处（图 4-1）。装料不能太浅，否则会在瓶颈以下形成长柄猴头菇，使食用部分的比例下降。培养料松紧度要求上下均匀一致，要求比菌种装得稍坚实些，料面压平，在中部打一接种孔，直达瓶身中、下部，洗净瓶壁和瓶口内外侧，用聚丙烯膜或牛皮纸包扎封口。

图 4-1　手工装瓶

5. 灭菌

猴头菇栽培以常压灭菌为好，常压灭菌温度为 100℃保持 12 小时以上。高压灭菌操作程序与菌种生产相同（图 4-2）。

图 4-2 卧式高压灭菌锅

（四）接种与培养

1. 接种

经过灭菌的料瓶必须冷却至 28℃ 以下方可接种。接种的关键是严格无菌操作，正确掌握熟练的接种技术，动作力求准确迅速。

（1）接种前准备。

① 菌种准备：猴头菇的菌种与其他菇、耳菌种不同，无论是母种、原种还是栽培种，其菌丝尚未长满，在培养基表面即出现珊瑚状或丛针状小子实体。栽培种一般在接种 15 天后就会出现。猴头菇的栽培种，要求在栽培前 35 天生产。这样菌种长好后，正好接种。优良的猴头菇栽培种，应具备高产、抗逆、质优、生活力强等性状，菌龄 30 天左右，无杂菌污染，所使用的菌种要求符合质量标准。

② 环境消毒：接种前要进行消毒，除去物品表面上的病原菌。接种环境要求清洁、干燥，并进行消毒处理。将上下左右及四壁清扫干净，再用 2% 的来苏儿溶液喷洒墙壁、地面和擦洗门窗、桌凳等，而后搬进要接种的料瓶。

（2）无菌操作。这是猴头菇生产中关键的一项工作，一般在接种室或接种箱中进行，操作程序如下：

当料温冷却到 28℃ 以下，将料瓶、菌种、酒精灯、接种工具等放入接种箱或无菌室内。接种箱或无菌室内放入 10mL/m³ 甲醛和 2g 高锰酸钾进行反应，密闭熏蒸 0.5 小时后接种。或采用气雾消毒剂消毒熏蒸，用量 4~6g/m³。接种时先点燃酒精灯，右手持接种耙在火焰上灼烧，左手握住菌种瓶并靠近火焰处，拔掉棉塞，剔除菌种表面的老菌种块，将菌种挖成小块，再把菌种瓶横放在菌种架上。然后左手再握住待接的瓶子，在靠近酒精灯的无菌区内，把菌种块接入瓶内，封好瓶口（图 4-3）。操作动作要求迅速、敏捷、准确。每瓶菌种接 50 瓶左右。

图 4-3　接种操作

2. 培养

发菌管理也叫菌丝体培养。菌瓶进入栽培房后，在适宜条件下，25 天左右菌丝即可长满瓶。为了使其顺利完成发菌，为高产优质打下坚实基础，应从以下几方面加强管理。

（1）场地消毒。栽培场地在使用前要严格消毒，特别是老的栽培场地更要注意做好消毒工作，否则易污染杂菌和滋生虫害，而导致栽培失败。栽培场地的消毒方法：栽培前首先搞好周围环境卫生，然后采用熏蒸消毒，无法熏蒸消毒时可在栽培场地上撒石灰粉或喷洒消毒剂，同时喷洒杀虫、杀螨剂。常用的消毒药剂有以下几种。

① 硫磺：硫磺是菇房（棚）消毒最好的药剂之一，它不仅可以杀菌，还可杀虫和杀螨，采取熏蒸方法，还可参入到缝隙中起作用，因此在菇棚的消毒上能起到很好的效果。一般用量为 15g/m³。使用时先将菇房密封好，然后点燃硫磺熏蒸。使用时要注意以下几点：一是由于硫磺在高湿的条件下能发挥最大的消毒作用，因此在熏蒸前要用喷雾等办法将菇房的湿度提高到 85 % 以上；二是硫磺的雾状

颗粒比空气重，比较容易降到地面，因此熏蒸时要将放置硫磺的容器放在高处，使硫磺均匀分布于空间的每个地方，以提高熏蒸的效果；三是硫磺气体是有毒的，要防止人、畜中毒；四是由于硫磺燃烧生成二氧化硫，与水反应会形成硫酸，因此消毒后的菇房有水的地方要防止人手脚烧伤和衣服、袜子等被腐蚀。

②甲醛和高锰酸钾：甲醛有强烈的刺激气味，有强烈的杀菌作用，可杀灭各种类型的微生物，其杀菌机制为凝固蛋白质，还原氨基酸，属广谱杀菌剂。福尔马林是37%~40%的甲醛溶液，性状稳定，且耐贮藏。使用时先将菇房密封好，每立方米用高锰酸钾4g、甲醛溶液10mL。甲醛的杀菌能力强，但杀虫能力弱，同时甲醛气体对眼睛、呼吸道、皮肤等有强烈的刺激性和毒性，消毒处理时操作人员要注意防护。

③漂白粉：为有氯气气味的白色粉末，主要成分为次氯酸钙，在水中分解成次氯酸，具有较强的杀菌作用，消毒效果较好。常以1%~2%的水溶液洗刷菇架，或喷洒空间进行消毒。此溶液杀菌效力持续时间短，要随配随用，否则使用效果降低。漂白粉有腐蚀作用，操作时要注意人身安全。

④石灰：有生石灰和熟石灰两种，生石灰主要成分为氧化钙，白色固体，与水反应则变成熟石灰。石灰具有强碱性，消毒时就是利用了这个特点进行杀菌。菇房消毒时可以撒粉，也可用2%~3%的水溶液喷洒菇房空间、菇架，以及周边环境。

根据不同情况，在菇房消毒时，还可喷洒些杀虫剂进行杀虫和杀螨。

（2）菌丝培养。瓶栽法采用墙式叠放，瓶高不超过15个。菌丝培养要控制好温度、空气湿度、空气、光照等生长条件，某一条件不适合，都会影响猴头菇的产量。

猴头菇菌丝在22~25℃条件下培养，菌丝生活力强，也不会提早形成子实体。温度若高于28℃，菌丝长好后容易退化；若在20℃以下培养，菌丝未长到底就会形成子实体。因此，接种后的1~4天，室温应调到25℃左右，使所接菌种尽快吃料，定植蔓延，减少杂菌污染。从第5天起，随着菌丝生长发育，瓶内温度上升，比室温高出2℃左右，为此应将室温调至24℃以下。第十六天以后，菌丝进入新陈代谢旺盛时期，室温控制在 20~23℃为宜。

发菌期菌丝是依靠基内水分生长，不需要外界供水，所以室内空气相对湿度控制在 70%以下即可。低于 60%，应向地面适当洒水。阴雨天湿度大时，应开窗通风。但因发菌需保证黑暗条件，通风宜在夜间进行。室内空气湿度大时，容易导致杂菌滋生。

猴头菇菌丝生长对空气的要求不高，培养室内只要工作人员不感到气闷，每天开门窗 1~2 小时就能满足菌丝呼吸之需。如果培养室内工作人员感到气闷，就要适时开门窗进行通风换气，保持发菌室空气新鲜。

猴头菇菌丝生长不需要光照，但完全黑暗时生产管理不便，空气流通也差，容易产生杂菌。所以，用草帘、遮阳网遮光，使培养室的光照度在 50~60 lx（即能勉强看报的光照强度）。当菌丝即将长满瓶时光照强度就要增加到 100 lx 左右，这样的光照条件下菇蕾能顺利形成。

（五）出菇管理

经过 20 天以上发菌培养，菌丝达到生理成熟，即从营养生长转入生殖生长，开始菇的生长发育。

1. 揭盖开口

猴头菇瓶栽一般采用室内墙式叠放。当原基形成时，揭开盖在瓶口的聚丙烯膜或牛皮纸即可。

2. 环境控制

图 4-4 猴头菇出菇管理

出菇房要控制好温度、空间湿度、空气、光照等条件，某一条件不适宜，都会影响猴头菇的产量。猴头菇生长要求较低的温度，较高的空气湿度，较好的散光，空气中二氧化碳含量不要超过0.1%。所以生产上要根据这些要求来管理（图4-4）。

（1）调温。菇房温度要调在15~20℃。在适宜温度下，从小蕾到采收，只需10~12天。菇房内温度低于12℃，则生长变慢。超过23℃，子实体生长发育也缓慢，并会导致菌柄不断增生，菇体松散，且易形成花菜状畸形菇。超过25℃，会萎缩死亡。因此，天热季节要通过空间喷雾、地面洒水、加强通风等措施控制菇房温度。猴头菇在10~25℃都可形成原基，最佳温度是16~20℃，出菇期间可抓住温度这一关键来灵活管理。

① 在气温正常时：采用地面洒水，空间喷雾，保持菇房空气湿度90%，保证有100 lx的散射光，诱导原基形成。子实体生长阶段，要保持空间湿度85%~90%，保持菇房空气新鲜，无闷气感，门窗每天开启4~8小时，同时门窗要挂草帘，防止被风直吹。

② 在气温偏高时：气温高于25℃时，就不能形成子实体。因此要打开门窗，掀掉天花板（或薄膜），门窗外挂的草帘也要撑开，加大通风，降低湿度，避免高温高湿。

③ 在气温偏低时：温度低，子实体的分化、生长慢。低于6℃时，子实体完全停止生长，从而使子实体表面冻僵，成为光秃型猴头菇。因此要增加保温措施，在空中加一层薄膜，加厚窗帘，中午温度高时开窗通风，甚至可以加温。

（2）保湿。猴头菇菇蕾形成和子实体长大需要90%~95%的空气湿度。空气湿度低，菇蕾形成和子实体长大均会较慢。但菌刺较短，在一定程度上可提高商品质量。所以，在菇蕾开始形成和子实体前期生长阶段，空气湿度要保持在95%左右。但当菌刺长0.5cm左右时，空气湿度应降低至85%~90%。从菇蕾形成到子实体前期生长阶段，室内每天要喷雾2~3次，菌刺形成以后每天喷雾1~2次。

菇蕾形成和子实体初期生长阶段，子实体上不需要喷水。子实体长至4~5cm时，在子实体上每天需喷雾1次，雾点要细。喷水后需开门窗0.5小时左右，待子实体上游离水蒸发后关闭门窗。采收前一天和当天，子实体上不可喷水，否则会提高子实体的含水量（图

4-5)。高含水量的子实体在运输贮存时容易发热，色泽变暗，口味也差。

图 4-5　湿度管理

（3）通风。猴头菇子实体生长需要有十分良好的空气。空气不良，空气中二氧化碳含量超过 0.1%，子实体生长就会减慢，所长子实体质松、重量轻、生长慢，菌刺少而粗，甚至会出现畸形（图 4-6）。空气中二氧化碳含量的多少对猴头菇生长的影响很大。浙江省常山县微生物总厂有一个山洞叫白龙洞，两端都通洞外，该厂每年

图 4-6　畸形菇

都在此洞中栽培猴头菇。结果在近洞口的地方所长子实体色白、质坚、生长快，每瓶可连长 4~5 批菇；而洞中间的瓶子只收 3~4 批菇，菇体松、色暗，平均产量明显低。由此可见，子实体栽培时必需十分注意空气条件。室内必需保持感觉清爽，无闷气感，门、窗每天至少开启 4~8 小时。子实体采收前，通气量要增加，室内二氧化碳浓度不超过 0.1%。

在子实体原基形成后，如果发现瓶口四周挤满原基，可采取"开一刀"方法，挖去部分小的原基，使子实体从瓶的一侧生长，增强瓶内菌丝的供氧量，子实体长成后结实，半球形，菇体美观（图4-7）。

图 4-7 "开一刀"增氧提质

（4）光线。猴头菇子实体形成和生长要有 100lx 左右的光照度，而且光线要均匀。光线弱，子实体采收后转潮慢；光线强，空气湿度难以保持，菌刺形成快，子实体小。所以菌瓶转入栽培阶段后，就要增强室内的光照，使之能达到形成子实体生长的要求。

（六）采收及采后管理

猴头菇从菇蕾出现到子实体成熟，一般只需要 10~12 天，有的还可提前到 8 天左右。猴头菇在子实体 7~8 分成熟就应该采收。此时是子实体发育的高峰期，菌丝体已充满菇心，形状圆整，肉质坚实，色泽洁白，外表布满短菌刺，显示出猴头菇子实体应有的特征，且氨基酸含量最高，子实体干物质的积累最多，重量最重，风味鲜美纯正。

1. 采收标准

猴头菇采收的标准是子实体球体基本长足、坚实、白色，菌刺长度在 0.5~1cm，未弹射孢子前及时采摘（图 4-8）。采收必须适时，它影响着产品质量和再生菇的产量。在子实体完全成熟后（即孢子大量散落时）采收，则肉质松，苦味重，加工成罐头时汤汁易发生混浊，采收后下一潮菇形成慢，总的产量下降。

图 4-8 采收标准的猴头菇

2. 采收方法

瓶栽猴头菇可以用自制割刀从子实体基部切下。采摘时要轻拿轻放，采收后 2 小时内应送厂加工，以防发热变质。

3. 转潮管理

猴头菇采收后应将留于基部的白色菌皮（膜状物）去掉，表面再用扇形弯铁钩压平，继续按原样放好，然后停止喷水偏干管理，养菌 3~5 天，使菌丝体获得充足的空气，7~10 天原基又开始形成。此时又可进行出菇管理：把房（棚）内的温度提高到 23~25℃，相对湿度保持 70% 左右，以促使菌丝体积累养分。5~7 天原基出现，10 天左右幼蕾形成。把温度降到 15~20℃，空气湿度提高到 85%~90%，促使再生菇健壮成长。第二潮菇采收后，再如上所述培育第三潮菇。瓶栽能采收 4~5 次，一般以 1~2 潮菇的产量高，品质好，且占总产量的 80%。

二、猴头菇短袋栽培

与瓶栽法相比，猴头菇袋栽具有生长周期短、操作简便、成本低、菇体大、产量高的优点。但是，袋栽的菇形比瓶栽的稍差，有时还会出现畸形菇。

我国地域辽阔，南北气候差异较大，各地根据自然气候、原材料资源、栽培习惯的不同，形成了不同的猴头菇袋栽出菇方式，主要有袋口套圈出菇、墙式分层出菇和吊袋侧面出菇等。

（一）场地与设施

场地、设施与瓶栽基本一致。

（二）栽培季节

同瓶栽法。

（三）培养料制备

1. 配料

常用配方：

（1）棉籽壳58%，杂木屑30%，麸皮10%，石膏2%。

（2）棉子壳50%，玉米芯38%，麸皮10%，石膏2%。

（3）杂木屑79%、麸皮18%、玉米面（粉）1.2%、石膏1%、豆粉0.8%。将上述各配方原料拌匀，按料水比1:（1.2~1.5）加水，调至含水量60%~65%。为提高产品质量，拌料时在允许范围内可尽量多加水，这样头潮菇朵大球重，色白味佳，商品质量好。

2. 装袋

南方地区采用14cm×27cm聚丙烯塑料袋栽培猴头菇，装袋时把塑料袋口张开，用手一把一把地把料塞进容器内。当装料1/3时，把袋料提起，在地面上轻轻抖动几下，使料紧实。一边装培养料，一边用手压实，培养料高度应控制在12~14cm为宜，袋头留6cm，压平料面，袋口用塑料绳扎好。栽培袋一定要装紧，要让培养料紧贴袋壁，袋表面要光滑，不可凹凸不平。培养料松紧度要求上下均

图 4-9 手工装袋

匀一致，稍坚实（图 4-9）。

北方地区猴头菇生产采用容积较大的塑料袋。根据选用的出菇方式不同而选用筒袋或一端封口的塑料袋，常用规格（17~18）cm×（33~37）cm，厚（0.004~0.005）cm。采用机械装袋或人工装料，每袋装料高度约 20cm（湿料 1.1~1.2kg），装好后压紧压实，并在料中心用直径 2cm 的木棒扎接种穴，深度为料的 3/4 处，注意拔起时不要将料面松动，用无棉体盖封口（图 4-10）。料装入袋内，升温极快，为了防止其发酵，装料必须在 6 小时内完成。

图 4-10 机械装袋

3. 灭菌

采用高压蒸汽灭菌或常压蒸汽灭菌，高压灭菌 0.15MPa 保持 2 小时。高压灭菌的操作步骤与菌种生产基本相同。但高压灭菌升温时火力不可过大、过快，灭菌到达规定的时间后不要放气急降温，待蒸汽压降至 0，再打开锅盖，取出料袋，移入冷却室。待料袋降至 30℃以下时，将料袋搬入接种箱或接种室接种。

猴头菇袋栽培最好采用常压灭菌。常压灭菌温度为 100℃保持12 小时以上。常压灭菌时应注意以下几点：

（1）及时进灶。装袋完毕，要立即将料袋装进灭菌灶，并迅速开始加温灭菌，以防微生物繁殖，将基质分解，导致酸败。特别是高温季节，更应该注意这一点。

（2）合理叠袋。料袋进灶应叠成一行一行，自下而上排放。行与行之间，袋与袋之间要留有一定间隙，使气流能自下往上畅通，防止局部"死角"，造成灭菌不彻底（图 4-11）。

图 4-11 合理叠袋

（3）掌握温度。进袋完毕立即旺火猛攻，使灶内温度尽快上升到 100℃，做到中途不停火，不加凉水，不降温，持续灭菌，保持12~14 小时，而后焖到第二天上午。灭菌过程中火力不要勿高勿低，并要注意锅中水位，勿烧干锅（图 4-12）。

图 4-12 常压灭菌

(四)接种与培养

1. 接种

灭菌后的料袋移入接种箱、接种室等接种空间。接种前对料袋及接种空间进行消毒，常用气雾消毒盒密闭熏蒸 0.5 小时，且在料袋冷却至 28℃以下时接种。小塑料袋仿瓶栽培的接种方式与瓶栽相同。用筒袋装料的，采用两端接种。一端封口的料袋，采用两点接种法，即先将一小块菌种沿事先打好的接种穴送入培养料底部，然后再将另一块较大的菌种固定在接种孔上，以便上、下同时发菌。

2. 培养

接种后可在培养室培养发菌，也可将料袋直接移入大棚培养发菌，移入大棚前应对其充分消毒、灭虫，使其清洁、干燥、通风、遮光。可采用菌袋层架立式摆放发菌，也可卧式堆叠发菌。立式摆放发菌用于气温较高时培养，卧式堆叠发菌用于气温较低时培养。小塑料袋栽培要求接种面朝上 1~3 层立放。上层间距为 1cm，中间层间距为 0.5cm，下层袋挨袋摆放。

猴头菇菌丝易扭结形成原基，有时菌丝刚长满 1/4 培养料时就现蕾(图 4-13)。若在 20℃以下培养，菌丝未长到袋底就会形成子实体，而子实体形成后袋口必需打开，未长菌丝的培养料在打开袋口后很容易因掉进杂菌孢子而感染杂菌，从而影响猴头菇的产量。因

图 4-13 菌袋培养时现蕾

此，要调节室温、控制湿度、避免光照。具体方法与瓶栽相似。

（五）出菇管理

经过 30~50 天的发菌培养，菌丝达到生理成熟，即从营养生长转入生殖生长，开始菇的生长发育。

1. 摆袋开口

（1）墙式摆放。我国北方春季旬平均温度 7℃左右，旬最低温度 0℃以上；秋季旬平均温度 17℃左右，旬最高温度 28℃以下时，即可摆袋。摆袋方式采用卧式立体摆放，在摆袋处垫砖，将袋卧放在垫有砖块的地面上，由于猴头菇子实体较大，为防止相邻子实体接触联结形成"猴头菇墙"，导致菇形不好、不易采收等，摆袋时上下层袋口（出菇口）反向排列，或相邻菌袋出菇口反向设置（图 4-14）。

图 4-14 墙式摆袋出菇

根据大棚通风条件，垛高 3~10 层，每垛间距 70cm，大棚中间主过道为 1m。当菌袋摆放层数在 5 层以上时，为防止菌袋滑动或倒塌，在每一垛"袋墙"的两端设置一立柱固定菌袋；为防止因摆放层数多而使菌袋内积聚热量多、造成"烧袋"，层与层之间用两根细木棍、细竹竿等隔开。这样 400m² 的大棚可摆袋近 3 万袋。将发满菌并经后熟的菌袋两端系绳解开，割去袋口多余薄膜并保留袋口折痕，或去掉套环盖，以使猴头菇有个出菇的口子并改善菌袋内部通气条件，袋口太长会形成长柄猴头菇。

猴头菇的小塑料袋栽培，一般采用室内墙式叠放。采用小袋栽猴头菇，子实体形成、生长需要有一个长菇的口子和良好的空气。小袋栽培子实体从袋口长出，因此要把袋口做成瓶口状（图4-15）。

图 4-15 仿瓶袋栽

具体做法是用宽 1~2cm，长 10cm 左右的塑料包装带，弯成直径 4~5cm 的环，两边连接处用订书针订住或用火烫粘，然后将袋口穿进塑料环，再翻折于圈外，拉直，用橡皮筋扎好袋口即成。

猴头菇短袋栽培采用网格墙式摆放，可以增加摆放的空间密度，便于出菇管理。网格式摆放，增加了袋与袋之间的间隙，可以避免开袋后出现高温烧菌和子实体畸形。以网格为支撑，可以避免出菇后因子实体重量增加而导致的菌墙倒塌。

（2）吊袋出菇。

吊架搭建：吊挂出菇是将菌袋用绳串联起来或挂在吊挂架上，整串或整架悬挂在菇棚内横杆或弧形梁上出菇。吊架制作方法是：先在菇房顶部 2m 处排放横杆。相距 1.2m 放一根，一排一排的排放，作为悬挂菌袋的横杆。或者采用"一宽一窄"横杆放置法，即相距 1.2m 放一根横杆后，相距 50cm 再放一根。横杆要粗、结实，间隔 1m 左右直立一根立柱，以增强横杆的承受力，常用钢筋水泥混凝土柱作横杆及立柱。要使整个支撑架牢固，吊上菌袋后不会倒塌，还要在四周立斜杆支撑吊架。

吊袋方法：选择无风天吊袋，先将菌袋在消毒液中浸一下，进行表面消毒，然后在菌袋上原基发生部位用刀片开两个"V"或"十"字形口或"一"字形口，两个口要上下错开，对面开口，口边长2cm左右，注意不要损伤原基。开口后的菌袋用尼龙绳或铁丝系住袋口，成串吊挂在出菇场内的横杆上。2m高的菇棚每串可吊挂8~10袋，相邻串之间间隔不少于20cm，下端离地面50cm左右（图4-16）。

图 4-16　吊袋出菇

2. 环境控制

出菇管理的关键是控温、通风、保湿。将棚内湿度提高到80%~85%，保持棚内温度在14~26℃（出菇期最佳温度为16~20℃），200~400 lx 的光照条件下进行催蕾，并加强通风换气。菌袋开口后，一般经 7~10 天即开始现蕾。现蕾后，栽培棚内空气相对湿度可提高到85%~90%，若空气相对湿度超过 90%，菇体蒸腾速度减缓或几乎停止，影响菌丝体内物质向菇体传送，导致生长迟缓，易发生病虫害或子实体颜色发红，形成菌刺粗短的畸形菇；空气相对湿度低于70%，分化的子实体发黄、干缩、生长迟缓。栽培棚室内温度控制在 14~22℃，昼夜温差小于 5℃。子实体生长需要适当散射光，光照强度以 100~200 lx 为宜。

通常采用微喷的方法增加棚内湿度，通过调节棚膜上的草帘及大棚两侧的裙膜进行通风并控制通风量大小和温度，但通风时，应防止风直吹菇体，否则会造成菇体变色萎缩。对北方秋栽猴头菇而言，进入11月中旬后，日照增温强度明显减弱，白天可适当去草帘增加日照增温，夜间盖草帘保温。如光线强，棚内温度偏高，白天可适当加盖草帘遮荫。出菇后注意不可向袋口和幼蕾喷水，否则水渗入袋中会造成幼菇萎缩，进而变质腐烂。

(六) 采收及采后管理

猴头菇从菇蕾出现到子实体成熟，一般只需要10~12天，有的还可提前到8天左右。猴头菇在子实体7~8分成熟就应该采收。此时是子实体发育的高峰期，菌丝体已充满菇心，形状圆整，肉质坚实，色泽洁白，外表布满短菌刺，显示出猴头菇子实体应有的特征，且氨基酸含量最高，子实体干物质的积累最多，重量最重，风味鲜美纯正。

北方地区的猴头菇，一般要经过15天左右采摘，此时子实体颜色已由纯白变为稍黄，手摸菌刺会沾上白色粉状孢子 (图4-17)。

图 4-17 成熟后的猴头菇

1. 采收方法

袋栽猴头菇采收时右手指抓住子实体基部，左手指按住菌袋，轻轻扭动拔出，采摘时不要伤及培养料。成熟的猴头菇要全部采净，不要采大留小。

2. 转潮管理

第一潮菇采收后，要将料面的残菇、碎菇清理干净。停止喷水3~4天，降低空气相对湿度，并加强通风，使菌丝体获得充分的新鲜空气，随后进行补水。补水后通风12小时，让采收后的菇根表面收缩，防止发霉；再把温度调整到23~25℃，使菌丝体积累养分。待原基形成时，把温度再降至16~20℃，空气湿度提高到85%左右，促使幼蕾形成及子实体生长。一般经10~15天，又可出第二潮菇。如果秋季栽培晚了，或遇上严冬季节，如大棚保温效果差，可暂停出菇管理，至3月气温回升后再行管理。整个生产周期正常气温条件下60~70天结束，一般可收3~4潮菇，生物学效率可达80%~100%。

三、猴头菇菌棒层架栽培

随着袋栽香菇的大面积推广，猴头菇采用筒袋栽培也获得成功，并受到广大菇农的欢迎。该栽培法是用筒袋装料制成菌棒，在田间搭建菇棚，棚内再建出菇架。根据不同地区的气候特点、菇农栽培习惯，菌棒栽培模式有3种：层架式、畦式和野外露地栽培。这里仅介绍层架栽培模式，其优点是：①排棒时出菇口统一朝下，菇体前方空间较大，不易积累二氧化碳，菇形圆整。②菇架下有蓄水沟，菇棚上盖塑料薄膜，很好地解决了保湿、防雨与通气之间的矛盾。③管理方便，省工、省时，并能提高土地利用率。

（一）场地与设施

1. 栽培场地

菇场要求地势平坦、环境清洁、光照充足、通风良好、交通方便、靠近水源、排水性好。

2. 棚架建造

室外层架式菇棚分内棚和外棚，大小、长度及内棚数量视场地、栽培规模灵活安排，一般每个菇棚设4个内棚。内棚呈"∩"形，排放两个床架，床架外柱高2.2m，内柱高2.4m，上下分5层，底层距离地面15cm，顶层外边离棚顶30cm，内边离棚顶50cm，架与架之间距离35cm，床架宽90cm，刚好排两袋猴头菇菌袋。床架立柱与立柱间距离1.3~1.5m，不能太宽。两个床架之间的走道宽70~80cm（图4-18）。每条立柱顶端锯成凹槽，横放固定的条竹。架顶用竹片弯成弓形，用塑料带固定在立柱顶端的横竹上，弓竹与弓竹之间距离40cm，弓竹边缘距离外柱20~30cm，并用条竹绑住弓竹边缘，起保护塑料膜作用，最后用塑料膜将两个床架从头到尾全部盖住（图4-19）。内棚外搭遮阴棚，一般要求中间高3.5m，两边高2.8m，棚顶用木板或竹条搭盖"人"形，棚顶内衬固定的塑料膜，外盖芒萁等野草，起避雨、遮阴双重作用（图4-20）。外棚四周围草帘，并挂上防虫网，防止害虫侵入为害。由于菇棚遮阴物较厚，棚内光线较暗，因此，内棚要设置日光灯，起照明和调节光线的作用。

设施大棚在猴头菇栽培中已广泛应用。菇棚长46m、宽5m、高2.7m，肩高1.8m。棚架用钢管或竹片制作，呈弧形。将长度100m、

图4-18 立体出菇层架

图4-19 层架棚膜覆盖

图4-20 遮阴棚

图4-21 设施大棚

宽 6m、厚度 0.008cm 的薄膜分成两块，盖在棚顶，然后盖上宽 8m、长 50m 的双层遮阳网，用大棚带固定，棚顶搭建平网荫棚（图 4-21）。大棚建好后，四周挖沟排水。层架采用竹木或镀锌方管，柱高 2m、宽 1m、层高 0.3m，立柱间距 1.5~2m，每个大棚搭建 2 排，棚架边距 0.85m，中间过道1.2m。

3. 场地消毒

栽培场地在使用前要严格消毒，特别是老的栽培场地更要注意做好消毒工作，否则易感染杂菌和孳生害虫，而导致栽培失败。栽培前首先搞好周围环境卫生，将层架用塑料薄膜罩密，而后用消毒剂进行熏蒸消毒，无法采取熏蒸消毒的场地可在栽培场地上撒石灰粉或喷洒消毒剂，同时喷洒杀虫、杀螨剂。对多年使用的层架还要用石灰水、漂白粉水溶液进行清洗。

（二）栽培季节

参照瓶栽法。

（三）培养料制备

1. 配料

常用配方：棉籽壳 88%，麸皮 12%。把棉籽壳减少 20%~30%，以杂木屑代替，对产量影响不大，但可以降低生产成本。生产中常添加 1%~2%石膏粉或碳酸钙作为无机营养。配制方法按常规进行，但应注意，拌料前先将棉籽壳用水浸湿，沥去多余水分后，再添加麦麸等辅料。人工或机械拌料，混合均匀。春栽，含水量以 60%~65%为宜；秋栽，含水量以 65%~70%为宜。

在配制培养料的的过程中，要严格控制含水量，含水量偏高，透气性差，菌丝蔓延速度降低，而且容易引起杂菌污染（图 4-22）；含水量过低，菌丝稀疏、细弱，生活力降低。

2. 装袋

培养料配制后，必须立即装袋，以防培养料酸败。袋子一般用 12.5cm×50cm，或 13.5cm×50cm，厚 0.004~0.005cm 的低压聚乙烯或聚丙烯的筒袋。一般采用装袋机装袋。一台装袋机需配备 6~8 人操作，其中铲料上机 1 人，套袋 1 人，装料 1 人，扎袋口 3~5 人（图

图 4-22 含水量过高

4-23）。操作时开启装袋机，将筒袋套进装袋机出料口的套筒上，双手紧托，当料输入袋内时，右手撑住袋头往内紧压，使料内外相挤，

图 4-23 人工拌料机械装袋

以便装料紧实。当料接近袋口 6cm 时，取出料袋。扎袋口的人接过料袋，增加或减少培养料。当装料合适时，将袋口上培养料清理干净，用棉纱线将袋口捆扎牢固。操作时应轻拿轻放，地下垫编织袋或麻袋，避免人为磨破筒袋，如果工作人员操作熟练，每小时可装800 袋左右。

装袋要求松紧适中，标准是成年人手抓料袋，五指抓起时有木棒状硬度感，以中等力捏住，不凹陷，袋面有微凹指印为宜；如果手抓料袋有凹陷感，或料袋有断裂痕迹，表明装料过松。在温度较高的季节生产，为防止培养料酸败，装袋速度一定要快，要求在5小时内结束。

在猴头菇规模化生产中，采用成套菌棒自动化生产流水线（图4-24）。菌棒自动化生产流水线由培养料混合机、输送机、电器控制柜、储料分配机和自动变频控制装袋主机等组成，生产效率高，装袋质量稳定，操作十分方便。

图 4-24 菌棒自动化生产流水线

3. 灭菌

灭菌是猴头菇栽培成败的关键。猴头菇袋栽灭菌一般采用常压灭菌。常压灭菌的操作要点：

（1）合理叠袋。叠袋方式采取一行接一行，自下而上重叠排放，上下袋形成直线，前后叠之间要留空间，以利蒸汽通畅流通。采用塑料薄膜柜灭菌，叠袋方式可采取四面转角处横直交叉重叠，中间直线重叠，做到既通气又不倒塌，叠好袋后罩紧薄膜、防雨布等，然后用绳子缚在灶台的钢勾上，四周捆牢，罩膜、防雨布的四周要压上木板并加石头、沙袋等，防止蒸汽从四周漏出(图4-25)。

（2）及时灭菌。培养料在灭菌前含有大量的微生物，在干燥的情况下处于休眠与半休眠状态，当培养料加水后，各种微生物的活性加强，如不及时进行灭菌，酵母菌、细菌就会加速增殖，将培养基质分解，导致酸败，造成猴头菇菌丝难以生长。因此培养料要尽快装袋，装袋后要尽快灭菌。

图 4-25 菌棒叠灶

（3）快速升温。在开始灭菌时要大火猛烧，从开始灭菌到温度升至100℃，历时越短越好，最好不超过5小时，以免长时间高温高湿造成杂菌自繁，培养料酸碱度下降。

（4）正确保温。当灭菌温度上升到100℃后，控制火势，烧稳火，维持14~16小时，大型钢板灭菌灶一次容量为1万~2万袋，需维持20~24小时，才能达到灭菌彻底，此间温度不可回落。灭菌操作者要坚守岗位，不能懈怠。为了避免锅内的水烧干，应注意及时向锅内补水，而且补水不能造成锅内停沸，可考虑加沸水或微量连续补水。

料袋达到灭菌要求指标后，即转入卸袋工序。大型罩膜灶卸袋前，先将罩膜揭开让热气散发；若是钢板仓灭菌灶，应先把仓门板螺丝旋松，把门扇稍向外拉，形成缝隙，让蒸汽徐徐逸出（图4-26）。如果一下打开门板，仓内热气喷出，外界冷气冲入，一些装料

图 4-26 钢板仓灭菌锅

太松或薄膜质量差的料袋，突然受冷气冲击，往往会膨胀成气球状，重者破裂，轻者冷却后皱纹密布，故需等仓内温度降至60℃以下时，方可趁热卸袋。卸袋时，如发现袋头扎口松散或袋面出现裂痕，则应随手用扎口绳扎牢袋头，用胶布贴封袋口。

（四）接种与培养

1. 接种

接种是菌棒制作过程中最为关键的一环，在接种过程中要自始至终采取无菌操作。为降低污染率，气温高时接种应选在清晨或晚上进行。

（1）场地消毒。接种可在接种箱、接种室、帐式塑料篷中接种，在接种时这些地方都要达到无菌状态。为使接种场所达到无菌条件，常采用两次消毒法。

第一次消毒在料袋搬入前进行，一般应提前2~4天把接种场所清洗干净，提前1天用甲醛或硫磺熏蒸，也可用甲醛或石炭酸喷雾消毒，关闭门窗密封12~24小时。第二次消毒在料袋搬入接种场所后进行，采用气雾消毒剂消毒，用量4~6g/m³，一般一盒为50g，15m²的房间用5盒。在接种前0.5小时至1小时点燃消毒。在生产中接种室与发菌室可在同一场所，如果发菌室的密封条件较好，则可直接作为接种室使用，若密封条件较差，可在发菌室内设塑料帐式接种篷作为接种室。

（2）菌种处理。菌种在培养过程中菌种袋上会沾有杂菌的孢子，棉花塞上会滋生各种杂菌，因此在接种时对菌种要进行消毒处理。在对料袋进行消毒时，要将菌种搬入接种场所与料袋一起消毒。在开始接种时，要对菌种进行消毒处理。操作者的双手套上医用手套，用75%的酒精消毒双手。将菌种袋上的棉花用酒精沾湿，以防棉花上的杂菌飞扬，菌种袋表面用沾有75%酒精的脱脂棉球均匀擦洗两遍，用锋利的刀片在菌种袋上部料面下1cm处环割1cm深，将培养料连同棉花塞取下，弃之不用。而后用刀片在菌种袋上纵向轻轻地割一刀，将塑料袋割破，打开塑料袋，取出菌种。或将菌种袋放入0.1%高锰酸钾中进行清洗，拿出后将菌种袋倒置，待高锰酸钾溶液晾干后，再脱袋。

（3）接种操作。先在接种的料袋表面用75%酒精棉球擦洗一次，在已消毒的一面，用接种打孔器均匀地打3个接种穴，直径1.5cm左右，深2~2.5cm。打孔器抽出时，要按顺时针方向边转边抽，不能快打直抽，以防筒袋与培养料脱离而进入空气，造成杂菌污染。打穴要与接种相配合，打完穴要马上接上菌种(图4-27)。用手直接掰开菌种块，菌块大小与接种穴大小相符，呈三角锥形，塞入接种穴，种块必须压紧，不留间隙，让菌种微微凸起，以加速菌丝萌发封口，避免杂菌污染。每袋菌种可接30袋左右。

图4-27 料棒接种

2. 菌棒培养

接种后的菌棒进入发菌培养阶段，猴头菇的发菌培养一般需要30天。其中，头3~4天为萌发定植期，4天后进入菌丝生长期。菌丝发育的好坏，直接关系到子实体的发育与生长。因此在培养过程中要按照猴头菇菌丝生长发育的要求，创造最适宜的环境条件。

（1）合理堆叠。菌棒的堆叠方式，根据生产季节而定。气温不高时，接种后菌棒先按堆柴式排放，排与排之间间隔30~40cm，堆高10~13层，待接种口菌丝圈直径达6~7cm时，改"井"字形叠放，每堆6~7层；气温较高时，接种后的菌棒按"井"字形交替堆叠，每层排4棒，每堆6~7层（图4-28）。由于接种口没有封口，摆在顶层的菌棒接种口要朝下摆放，以防止表层的菌种脱水死亡，造成菌棒杂菌污染。

图 4-28 菌棒培养

（2）灵活调温。根据气温、堆温的变化，人为调节温度，防止高温烧菌。接种后的菌棒，头3天为菌丝萌发期，菌种块的菌丝处于恢复和萌发阶段，室温可以控制在24~26℃。气温在15℃以下时，可在菌堆上盖一层塑料薄膜；气温更低时，要采取适当的加温，以保证培养温度。猴头菇的菌丝生长期，由于菌丝的新陈代谢会散发出热量，使料温比室温高2~4℃，因此室温要控制在23℃左右。由于产生菌温，菌棒的堆叠方式也要由原来的堆柴式或4袋"井"字形，改为3袋的"井"字形，堆高从7层以上改为4~5层。

（3）加强通风。发菌期要注意培养环境的通风换气。气温高，选择早晨与夜间通风；气温低，在中午通风；气温适合时，可长时间打开门窗。在打开门窗时，不能让阳光直射菌棒，强光直射不仅会杀伤菌丝，而且会造成袋内料温升高，产生蒸汽，导致污染。门窗要挂遮阳网，以防阳光直射。

（4）控制湿度。发菌期培养环境空气湿度大时，会引起杂菌污染。培养环境要求干燥，室内空气相对湿度尽可能控制在70%以下。当室内湿度比室外湿度大时，要及时打开门窗通风，当室外湿度比室内高时要关紧门窗。

（5）及时翻堆。翻堆的目的：一是均匀发菌。翻堆使菌棒均匀地接触光照、空气，保持均匀的温度，促进各个菌棒均匀发菌，达到出菇时间一致。在翻堆时要把中间的菌棒放在外面，上下的菌棒放中间，发菌较好的放外面，发菌较差的放里面，促进发菌一致。

二是检查杂菌。翻堆时要认真检查，凡是被污染的菌棒都要进行处理。三是疏袋散热。随着菌丝的生长，料温也逐渐上升，为避免料温过高，翻堆时要把菌棒排疏，使其散热。翻堆的次数一般为2次，接种口菌丝直径5~7cm时进行第一次翻堆，当菌丝快走满袋时进行第二次翻堆。翻堆时要轻拿轻放，而且要让接种穴暴露在空气中，不要压住。当菌丝即将满袋，且穴内原基出现时，即将菌棒转入出菇棚(图4-29)。

图4-29　菌棒上架摆放

(五) 菌棒排场

1. 排场时间

猴头菇菌棒经过30天左右发菌，菌丝开始生理成熟，从营养生长转入生殖生长。猴头菇菌棒有时菌丝尚未走满袋，就开始出现原基，并分化成子实体，因此要及时把菌棒搬到菇棚上架排场。

2. 排场方法

在菌棒进入菇棚进行上架排场时，要将接种穴的菌种块挖除，以便诱导菌棒定向整齐出菇 (图4-30)。将菌棒放在菇棚层架上，菌棒横放，每袋之间距离3~5cm (图4-31)。排场时要求接种穴朝下，一是因为猴头菇的菌刺有明显的"向地性"，子实体向下生长就会使菌刺生长整齐，使子实体拥有良好的外观；二是有利于提高子实体周围的空气湿度，使子实体处于一个比较适合生长的空气湿度

图 4-30　菌棒开口

图 4-31　菌棒排场

之中，有利提高产量，减少畸形菇发生；三是避免阳光直射，有利子实体色泽洁白。

　　层架栽培的空间利用率高，每亩可放菌棒 30 000~40 000 袋，管理方便，适合于规模较大的生产，但顶层的菌棒环境湿度较低，易形成光头菇和萎缩菇。

　　（六）出菇管理

　　出菇管理技术的好坏是袋栽猴头菇生产能否高产的关键。在这一时期，根据猴头菇生长发育对环境条件的要求，应加强对温、湿、光、气等因子的综合管理，以获得优质高产（图 4-32、图 4-33）。

图 4-32 出菇管理

图 4-33 猴头菇生长状况检查

1. 温度管理

在子实体生长发育阶段，温度要控制在 16~20℃。在适温环境下，从原基到成菇，一般需 15~20 天。当温度超过 23℃时，子实体发育缓慢，子实体的菌刺长、球块小、松软，且往往会形成分技状、花菜状畸形菇，或形成不长菌刺的光头菇；温度超过 25℃，菇体会出现萎缩；温度低于 12℃，子实体常常呈橘红色；温度低于 6℃，子实体完全停止生长。因此在出菇阶段，特别是在子实体原基形成期，要特别注意控制温度。

当温度高时：一是加厚顶棚的遮阴物，做到全阴或"九阴一阳",以降低菇棚内的温度。二是向遮阴棚棚顶喷水,在上午9点到下午3点向棚顶喷水。喷水的次数根据温度而定,高时多喷,低时少喷,这种方法可降温3~5℃。三是向空间增喷雾化水。四是向菇棚内的畦沟灌水增湿、降温。五是错开通风时间,实行早晚揭膜通风,中午温度高时罩紧塑料薄膜。

当温度低时:一是把顶棚的遮阴物摊薄,达到"七阴三阳",或更薄,让阳光透进棚内,增加热源,提高菇棚温度(图4-34)。二是早晚盖紧塑料薄膜保温,中午温度较高时再揭膜通风。三是暖水管道加温。暖水管道加温是猴头菇大棚栽培较为理想的加温方法,其优点是温度稳定,分布均匀,生产安全。锅炉将水加热后,通过加压泵强制在管道输送热水,循环往复,提高棚温。散热管常用钢管,钢管上带有散热片。配管时,大棚周围较为冷的地方,应设双管或使用粗管。水温不能太高,一般锅炉水温只要80~90℃,这样管温有70~80℃,热水循环流动,棚内温度较为理想。

图4-34 阳光透进菇棚增加热源

2. 湿度管理

根据菇体大小、表面色泽、气候情况,进行不同用量的喷水。菇小不要直接对菇体喷水,穴口向下摆袋利用地湿就足够了(图4-35)。气候干燥时,可在畦沟浅度蓄水,让水分蒸发在菇体上。子实体的原基形成期要多喷,中期可轻喷,后期可少喷。一般情况下,子实体的形成期一天喷水3次,当菇蕾出来后可适当减少喷水次数,

图 4-35 地面湿度管理

一天喷 2 次。当菇体菌刺形成，且长度达 0.3cm 以上时，喷水次数再次减少，视天气情况可喷 1 次或不喷，进入采摘期时停止喷水。

在实际生产中，喷水的次数与量的多少要根据天气情况灵活掌握，目的是将栽培场地的空气相对湿度控制在 85%~90%。幼菇对空间湿度反应敏感，在幼菇的形成期要将空气相对湿度控制在 90% 左右；若低于 70%，已分化的子实体停止生长，即使以后增湿恢复生长，菇体表面仍留永久斑痕；如果高于 95%，加之通风不良，易引起杂菌污染。检测湿度是否适宜，可观察菌刺。若菌刺鲜白，弹性强，表明湿度适合；若菇体萎黄，菌刺不明显，长速缓慢，则为湿度不足，就要喷水增湿。喷水必须结合通风，一般是喷水后至少要通风30 分钟，让子实体上的水分挥发掉，同时使空气新鲜，让子实体苗壮成长。要严防盲目过量喷水和直接对子实体喷水，造成子实体霉烂。在采摘前 5 天，一般要停止喷水，如果空气相对湿度低于80%，可少量喷水增湿。但采摘前 1 天与当天不可喷水，否则会提高子实体的含水量，使子实体在运输过程中发热、色泽变暗，影响产品质量。

当菇棚湿度过高时，采取揭开塑料薄膜，加强通风的方法来降低湿度。当菇棚湿度过低时，一是盖紧菇棚塑料薄膜保湿；二是往菇棚中的畦沟灌水，增加地面湿度和水分蒸发量；三是喷雾器将水喷到菇棚的空间以增加菇棚空气相对湿度，有条件的菇棚可用微喷或增湿机进行增湿；四是幼蕾期层架栽培，可在菌棒表面加盖无纺布、湿纱布等以保持子实体周围环境的湿度。

3. 光线控制

光线刺激是猴头菇子实体原基分化的必要条件之一。一般要求200~400 lx光照度，而且光线要均匀（图4-36）。在子实体原基形成期，要求光线强些，而在生长期可适当弱些。光线不足，50 lx以下，会影响子实体的形成与生长，还会出现子实体转潮慢等现象。光照过强，超过1 000 lx，子实体往往发红，生长缓慢，菌刺形成快，子实体小，菇体品质变劣。光照过强还会导致菌皮的大量产生，从而过多消耗养分，降低产量（图4-37）。在实际生产中，野外阴

图4-36 光照管理

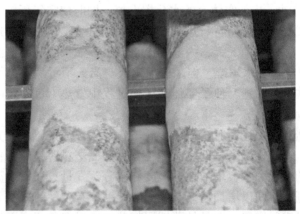

图4-37 光照过强引起的菌皮

棚只要掌握"三分阳七分阴，花花阳光照得进"的原则，就可满足子实体生长发育对光线的需要。如果气温较高，菇棚的棚顶为全阴，就要增加菇棚四周的透光度，让光线从四周进入菇棚，如果光线还不足，可安装电灯以增加光照度。

4. 通风措施

猴头菇子实体生长发育阶段，对二氧化碳十分敏感。通气不良，棚内二氧化碳含量高时，对原基分化和子实体生长都有很大影响。在子实体生长发育过程中，二氧化碳浓度以 0.03%~0.1% 为宜。通风不良，二氧化碳沉积过多，浓度超过 0.1% 时，就会刺激菌柄不断分枝，抑制中心部位的发育，出现珊瑚状畸形菇。在饱和湿度和静止空气的条件下，易造成二氧化碳沉积，导致子实体发育不良、畸形菇增多和杂菌污染（图4-38）。通风管理要根据空气相对湿度与温度而定，如果空气相对湿度较低，此时一般温度也较低，每天上午8时揭膜通风 30 分钟以上，子实体长大时每天早晚通风，并适当延长通风时间。在子实体生长发育阶段，内棚两端的塑料薄膜及门要长时间打开。如果出菇环境中的空气相对湿度与温度适宜，内棚四周的塑料薄膜也要全部打开，让菌棒及子实体完全处于极佳的通风状态下，这样更有利于子实体的生长发育。如果菇棚长度在 10m 以上的，棚顶每隔 5~6m 要开一个天窗，四周也要开些边窗，以利通风。通风时，切忌风直吹菇体，以免菇体萎缩。

图4-38 通风不良引发子实体发育不良

（七）采收及采后管理

1. 采收

用于鲜销猴头菇在子实体 7~8 分成熟就应该采收（图 4-39）。用于干制猴头菇，在达到鲜销标准后，停水后大通风，把子实体水分降下来便于烘干，经过 3~5 天后再采摘，此时子实体颜色已经变为黄白色，有孢子粉产生（图 4-40、图 4-41）。

2. 转潮管理

在第 1 潮菇采收后，随手把菌棒表面的残柄清理干净，停止喷水 3~4 天，并揭膜通风 12 小时，让采收后的菇根表面收缩，防止发霉。然后把温度调整到 23~25℃，培养 3~5 天促进菌丝积累养分。最后把温度降到 16~20℃，空气湿度提高到 90% 左右。3~5 天原基出现，幼蕾形成（图 4-42）。此时温度、湿度、光线、通风等管理与前面介绍的第 1 潮菇管理相同。

猴头菇菌棒层架栽培一般可采收 3 潮菇，有的还可采收 4 潮菇。以头 1~2 潮产量高，品质好，一般占总产量的80%。整个出菇周期，

图 4-39 适合鲜销的猴头菇

图 4-40 适合干制的猴头菇

图 4-41 猴头菇采收

图 4-42 转潮后的菇蕾

在正常气温条件下 60~70 天结束，生物转化率一般 90%~100%。

四、猴头菇工厂化栽培

猴头菇工厂化生产，采用塑料瓶或塑料袋作为长菇载体。其优势是出菇集中、出菇同步性好，生产周期相对较短，出二批菇需 1 个月左右时间，第一、第二批菇的产量占总产量的 80%，且品质好。

(一) 菇房设施

作为工厂化生产的栽培房，要根据猴头菇好氧性强的特性，在设计上力求光线适度，一般要求 300lx 的散射光。门窗对流，以便于通风换气，又能以保温保湿为前提。栽培房以长 7~8m、宽 4m、高 3m 为宜。栽培房要求水泥地面，内设栽培层架或出菇网格，架间留 70cm 宽的走道，对着走道的墙上，在其上、下方各开一个 13cm² 的通风窗，上窗与层檐平齐，下窗离地面 12~15cm。

(二) 容器选择

猴头菇工厂化栽培采用栽培瓶或塑料袋做容器。瓶栽选用容积 750mL、口径 4cm 的栽培瓶最为理想，容积在 500mL 以下的瓶子，因为养分不足，很难得到肥大的子实体，瓶的口径在 5cm 以上，难以获得形态正常的子实体。上海市农业科学院在猴头菇工厂化袋栽中积极探索，积累了很好的经验。

(三) 培养料制备

1. 配料
常用配方：
（1）木屑 44%，棉籽壳 12%，玉米芯 17%，麸皮 19%，玉米粉 4%，石膏 2%。
（2）木屑 30%，玉米芯 16%，棉籽壳 22%，麸皮 15%，玉米粉 5%，米糠 10%，石膏 2%。可根据当地的自然资源，按培养基配方配料，含水量控制在 62%~64%。

2. 装料
自动装瓶机是工厂化瓶栽生产的理想设备，而栽培袋的装料按常规进行，湿料重 800g/袋，干料重 300g/袋。

3. 灭菌

高压灭菌压力 0.147Mpa，保持 2 小时。采用常压灭菌上 100℃保持12~14 小时。不论何种灭菌方法，容器内的排放都要留空隙，避免上下气流不畅。最好采用铁制周转筐装好后，置于灭菌锅或灭菌灶内灭菌，这样操作方便，效果好（图 4-43）。灭菌达标后及时卸出散热冷却。

图 4-43　矩形灭菌锅

（四）接种与培养

灭菌后的培养瓶搬进接种室内，待料温降至 30℃以下时，接入菌种。工厂化瓶栽采用自动接种机接种（图 4-44），工厂化袋栽则采用手工接种。

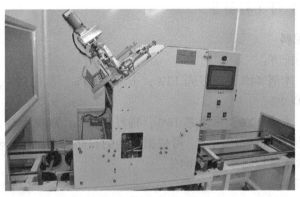

图 4-44　自动接种机

接种后菌丝定植期为 7~9 天，控制室温为 23~25℃，袋内温度不超过25℃；黑暗培养，二氧化碳浓度要求低于 0.4%，空气相对湿度在 65% 以下。菌丝进入发热期后，将培养室温度调整为 21~23℃，袋内温度不超过 25℃，同时增加室内循环；黑暗培养，适时通风，房间二氧化碳浓度不超过 0.3%，空气相对湿度控制在 65%~70%；一般需 18~20 天（图4-45）。

图 4-45　网格式菌袋培养

（五）出菇管理

1. 催蕾期管理

工厂化瓶栽模式是去掉瓶盖，立放于培养架上。瓶与瓶之间距离 2~3cm，喷雾保湿。栽培瓶卧放可提高菇房利用率，成行摆叠，每行 8~10 层，上下层瓶口方向相反，这样子实体长出瓶口不会粘连。工厂化袋栽模式是去掉塑料盖或棉塞，袋口保持原状，将栽培袋插入出菇网格上，调节室内温度 15~17℃，加大内循环，黑暗培养。在菌丝恢复期，控制室内温度在 14~15℃，空气相对湿度 90%~95%，二氧化碳浓度在 0.08% 以下，每天光照 5 小时，光照强度 50~100 lx。原基生长期要刺激子实体形成，室内温度控制 12~14℃，空气湿度保持 85%~90%；每天通风 1~2 次，每次半小时，二氧化碳浓度控制在 0.08% 以下；每天光照 5 小时，光照强度 50~100 lx。

2. 发育期管理

子实体长出瓶（袋）口 1~2cm 后，即进入发育期。管理上掌握好温度、湿度和通气。室内温度控制在 12~14℃，空气相对湿度保持 80%~85%，二氧化碳浓度控制在 0.08% 以下。

菇房温度低于 10℃ 时子实体生长显著减慢，并随温度下降而色泽变深。当子实体长菌刺时，空气相对湿度应保持在 85%~90%。但应注意空气湿度长期过高，菌丝呼吸受阻，代谢减弱，容易出现病害，形成短刺、无刺的畸形菇。幼菇对空气干燥十分敏感，当空气相对湿度低于 70% 时，生长受阻的部分就会在菇体上留下斑痕，变成畸形菇。在进行水分管理时，利用加湿器加湿，切忌直接向子实体喷水。

猴头菇对二氧化碳很敏感，当二氧化碳浓度超过 0.1% 时，会刺激菌柄不断分枝，抑制中心部位发育，出现珊瑚状的畸形菇。在静止饱和湿度下，更容易形成畸形菇。因此，随着子实体的生长，可逐渐增加通风次数和通风时间。子实体生长发育期每天通风 2~3 次，每次 1 小时。菌刺有明显的向地性，所以在子实体生长发育期间，不要经常搬动栽培瓶（袋）。如果过于频繁地换位或换向，容易造成菇体畸形。

图 4-46　工厂化瓶栽出菇

图 4-47　网格式袋栽出菇

3. 采收后管理

在正常情况下长出瓶（袋）口的幼菇，经 10 天左右的培养即可成熟采收（图 4-46、图 4-47）。第一潮菇平均产量 150g/袋左右。第一潮采收后，停水 5~7 天后再行加湿、控温，促进第二潮子实体发生，5 天左右原基形成，10 天左右幼菇即可发生。按照上述方法采一批、管一批，两潮菇出菇产量 250g/袋，整个栽培周期 45~48 天。

第五章　猴头菇病虫害防治

一、主要病害及其防治

猴头菇栽培过程发生的病害，按生产阶段划分，可分为菌种分离、提纯、转扩及菌袋培养过程（即菌丝生长阶段）的杂菌污染和子实体形成过程的病害两大类。按引起病害发生的病原分，则可分为非侵染性病害（即生理性病害）和侵染性病害两大类。其中非侵染性病害是由不适宜的环境条件，如温度过高或过低、湿度过大或过小、酸碱度不适宜、二氧化碳及其他有毒气体的浓度过高和化学物质中毒等因素引起的病害。其症状包括菌丝生长不正常，子实体丛枝畸形、变色、枯萎等。侵染性病害是由病原真菌、细菌、线虫以及病毒等微生物侵染所引起。下面分述病害的种类及其防治方法。

（一）杂菌污染

1. 木霉

（1）为害症状。木霉又称绿霉，是猴头菇栽培中的第一大病原菌。常见的种类有绿色木霉和康氏木霉。当这类真菌大量形成分生孢子后，其菌落多呈绿色或墨绿色，菇农便称它为绿霉菌（图 5-1、图 5-2）。木霉是侵害猴头

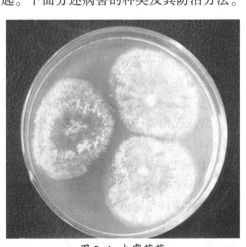

图 5-1　木霉菌落

图 5-2 菌瓶感染木霉

菇最严重的一种杂菌，凡是适合猴头菇生长的培养基均适宜木霉菌丝的生长。在菌种分离、提纯、转扩及使用木屑或玉米芯、棉籽壳栽培时，木霉菌的污染是一个突出问题。在菌种携带木霉或是接种过程中消毒不严格、接种室内木霉孢子浓度高的情况下，接种面上落入了木霉孢子，孢子迅速萌发繁殖将接种面覆盖，使猴头菇菌丝失去培养基而停止生长，导致接种失败。由于木霉的生长速度快，产生孢子量多和可分泌对菌丝生长有毒害作用的物质，不但在营养上进行争夺，而且可抑制或杀死菌丝。

（2）预防措施：

① 保持制种发菌场所环境清洁干燥：无废料和污染料堆积。制袋车间应与无菌室有隔离，防止拌料时的尘埃与灭过菌的菌袋接触。

② 菌袋要求厚度 0.004~0.005cm：减少破袋是防治污染的有效环节。配制培养基时，尽量不掺入糖分，木屑要求过筛。培养基内水分控制在 60%~65%，过高水分极易引发木霉繁殖。

③ 灭菌要彻底：灭菌过程中防止降温和灶内热循环不均匀现象。常压灭菌需 100℃下保持 12 小时以上，高压灭菌需 125℃下保持2.5 小时以上。

④ 菌袋密封冷却及时接种：适当增加用种量，用菌种覆盖料面，减少木霉侵染机会。保证菌种的纯度和活力，具有高纯度和旺盛活力的菌种是降低木霉感染的基础。

⑤ 保证接种室和接种箱高度洁净：可有效地降低接种过程的污染程度。接种室用气雾消毒或空气净化，保证空气里的霉菌指数符

合无菌操作要求，最好用培养皿定期测定，发现问题及时解决。

⑥ 低温接种，恒温发菌：在高温期间，接种室需装空调降温和冷却菌袋，低温下接种能降低菌种受伤后因呼吸作用而上升的袋内温度，减少因高温伤害菌丝的程度，提高菌种成活率和发菌速度。恒温发菌可有效降低由温差引起的空气流动而带入较多的杂菌。

⑦ 加强发菌期的检查：发现污染袋须及时清出，降低重复污染几率。

⑧ 保持出菇场所的卫生：菇房保持通风，适当降低空气湿度，减少喷水次数，防止菌袋长期在高湿环境下出菇，菌袋应在湿度较低的环境下转潮。

2. 青霉

（1）为害症状。青霉的种类多，在菌种分离、提纯及转扩过程中经常出现污染，但在栽培过程则不及绿霉菌污染那样普遍和严重，其原因是青霉菌对纤维素及木质素的分解能力远不及绿霉菌，其菌丝扩展速度也较慢，它造成的污染往往是局部性的。

在马铃薯蔗糖琼脂培养基上生长时，初期的菌落形态与木霉菌相似，均为白色绒状，但后期则明显不同，青霉菌的菌落圆形，直径多为 1~2cm，边缘明显，菌落颜色呈淡蓝色至绿色，粉状，没有明显的气生菌丝，菌落下面的培养基有时着色，与绿霉菌有明显区别（图 5-3、图 5-4）。青霉菌的污染来源与绿霉菌相似。

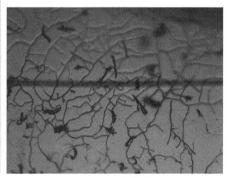

图 5-3　菌袋感染青霉菌　　　　图 5-4　显微镜下青霉菌分生孢子

（2）预防措施。控制方法与木霉一致。

3. 曲霉

（1）为害症状。侵害猴头菇培养基质的曲霉主要有黄曲霉、黑曲霉，其中黄曲霉菌污染食物后分泌的黄曲霉毒素是一种致癌毒素。曲霉菌丝有隔，无色、淡色或表面凝集有色物质。分生孢子单胞，球形或卵圆形。孢子呈黄、绿、褐、黑等各种颜色，因而使菌落呈现各种色彩（图5-5）。

图5-5　菌袋感染黄曲霉

在菌种生产、菌种保藏及栽培过程中常发生曲霉菌的污染，尤其在多雨季节，空气湿度偏高，瓶口棉花塞受潮时，极易产生黄曲霉。受曲霉菌污染的斜面试管菌种或菌种瓶、菌种袋，可在试管口内的棉花塞上或瓶（袋）的培养料表面长出黑色或黄绿色的颗粒状霉层，其颗粒状物与毛霉菌及根霉菌形成的孢子囊不同，它是外形粗糙的分生孢子链团，很多孢子链团聚集在一起后使菌落呈粗糙的粉粒状，这是曲霉菌污染后的症状特点（图5-6）。

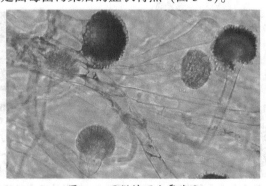

图5-6　显微镜下曲霉孢子

在马铃薯蔗糖琼脂平板培养基上培养时，黑曲霉菌的菌落初为灰白色，绒毛状，很快便转变成黑色，菌落下面的培养基出现鲜黄色的着色区，当菌落的直径扩展到3cm左右时不再扩大。黄曲霉菌的菌落表现为黄绿色，菌落下面的培养基无着色区，菌落的直径可扩展到5cm左右。该菌的污染来源及污染途径与根霉菌及毛霉菌相似。

（2）预防措施。防止灭菌过程中棉花塞受潮，一旦发现，在接种箱内及时更换灭过菌的干燥棉花塞。接种时严格检查菌种瓶的棉花塞上是否长有曲霉。接种前菌种瓶口或试管口无菌丝处都需在酒精灯火上灼烧，棉花塞要在酒精灯上燃烧，然后才可以使用。

其他措施参照根霉防治方法。

4.根霉

（1）为害症状。在高温期制种和制袋时根霉常大量发生，以其菌丝和孢子侵染熟料培养基。为害猴头菇最常见的根霉种类为黑根霉。菌丝白色透明，无横隔，在培养基内形成匍匐状，每隔一段距离长出根状菌丝，称之为假根。假根能从基质中吸取水分和营养物质。孢囊梗从假根上生出，丛生，不分枝，其顶部膨大为孢子囊。孢子囊初为黄白色，后变为黑色，内有许多孢囊孢子，当孢子成熟后孢囊壁破裂而被释放出来。

根霉孢子或菌丝随空气进入接种口或破袋孔，在富含麦麸、米糠的木屑培养中，根霉繁殖迅速，在25~35℃期间，只需3天整个菌袋口就长满了灰白色的杂乱无章的菌丝。木屑、麦麸培养基受根霉危害后，培养基质表面形成许多圆球状小颗粒体，初为灰白色或黄白色，再转变成黑色，到后期出现黑色颗粒状霉层（图5-7）。如接种时带入根霉，根霉优先萌发抢占接种面，抑制菌种萌发，导致接种失败。

图5-7 菌袋感染根霉

（2）预防措施

① 适当降低制种发菌场所温度：将温度下降至 20~25℃接种和发菌，能有效地控制根霉的繁殖速度，降低为害程度。

② 适当降低基质中速效性营养成分：高温期制袋制种，在配方中适当减少麦麸含量，不添加糖分，也可降低根霉的为害程度。

其他防治方法参照木霉的防治。

5. 毛霉

（1）为害症状。毛霉又名长毛菌、黑色面包霉。侵害猴头菇的毛霉主要是总状毛霉，其菌丝白色透明，无横隔，孢子梗从匍匐的菌丝上生出，孢子梗单生，无假根。孢子囊顶生，球形，初期无色，后为灰褐色。孢囊孢子椭圆形，壁薄。毛霉是夏秋季高温高湿时期侵染食用菌培养料的一种竞争性杂菌，也是生产豆腐乳和做酒曲的应用真菌。该菌污染菌种及栽培菌袋时主要通过受潮湿的棉花塞进入瓶袋内或试管内。毛霉菌对环境条件适应性强，菌丝生长速度快，当斜面试管菌种或菌种瓶、菌种袋受其污染后，繁茂粗壮的菌丝体不但可充满试管内或菌种瓶内的空间，而且很快深入到培养料内向瓶袋底部扩展，肉眼可清楚地观察到其灰白色、稀疏的菌丝生长情况，并可看到气生菌丝丛中的孢子囊（图 5-8）。当孢子囊内的孢子成熟后稍受刺激或振动便可散发出大量的孢子，随空气飘浮。

图 5-8　菌袋感染毛霉

（2）预防措施。参照木霉和根霉的防治方法。

6. 链孢霉

（1）为害症状。链孢霉又叫好食脉孢霉、红色面包霉。造成污染的主要是其无性阶段的分生孢子。分生孢子卵形或近球形，多数为橘红色、橘黄色或粉红色（图5-9），也有乳白色（图5-10）。有性繁殖产生子囊孢子。

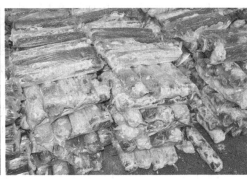

图5-9　红色脉孢霉　　　　　图5-10　粗糙链孢霉

链孢霉是高温季节猴头菇菌种生产和栽培袋生产中的首要竞争性杂菌。该菌在菌种分离、提纯及转扩过程发生不多，但在栽培过程的菌种生产和菌袋培养过程，其威胁性相当大，在气温较高、空气湿度偏高时，特别是菌瓶、菌袋的棉花塞受潮湿情况下，容易遭受此杂菌的污染而报废。

该杂菌生长情况与毛霉菌有些相似，其菌丝在培养料内的扩展速度快，穿透力强，很快就可从瓶（袋）口处扩展到底部并向上穿过棉花塞在外表形成大量的分生孢子团，不但可覆盖整个棉花塞的外表及瓶（袋）口，而且其厚度可达1cm左右。在瓶（袋）内培养料中生长扩展的菌丝，初为白色，与食用菌的菌丝相似，但稍后转变为黄白色。

该杂菌在自然界分布广泛，在潮湿的甘蔗渣或玉米芯上极易生长并很快形成大量的分生孢子，分生孢子可随气流传播。生产场地环境卫生不好、培养料消毒灭菌不彻底、接种过程不是在无菌条件下进行、瓶（袋）口的棉花塞受潮湿后未及时更换以及培养室的温度、湿度过高、通风不良等均可引起污染。此外，菌袋灭菌后搬运摆放过程的机械损伤造成的裂口也有利该杂菌侵入。

（2）预防措施。链孢霉比其他污染杂菌的抗药力、抗逆力均强，一般的杀菌剂对它的防效不理想。因此，特别强调接种和发菌场所的清洁。一旦发现个别菌袋长出链孢霉菌丝，立即用薄膜袋套上，放入灶膛内烧毁。其他防治方法参照木霉的防治。

7. 细菌

（1）为害症状。细菌属原核生物界，单细胞，其细胞核无核膜，主要有球形、杆形和螺旋形3种基本形状。对猴头菇危害较为常见的种类有：枯草杆菌、芽孢杆菌、假单胞杆菌、黄单胞杆菌和欧文氏杆菌等。污染菌种和培养料的细菌种类很多，尤其在高温季节，试管培养基在灭菌和接种过程中，常因无菌操作不当而被细菌侵入，很快地长满斜面，接入的猴头菇菌种块被细菌包围，导致报废。在菌袋培养过程中培养料遭细菌污染和大量繁殖后，可导致培养料变质、菌丝生长受抑制或不能生长，并散发出臭味。

菌种受细菌污染后如不能及时将细菌清除，受污染的菌种则不能使用和保存。栽培袋受细菌严重污染后，菌丝生长受阻或菌袋不能出菇。污染细菌在实验室的平板培养皿或斜面试管的培养基表面形成圆形或近圆形，表面光滑或有皱纹，稍隆起，黏稠状的白色、乳白色或黄白色菌落，肉眼容易识别（图5-11）。但在菌种瓶或栽培袋的培养料中，则主要依靠观察菌丝生长状态太用嗅觉发现有无异味而判断。

（2）预防措施：

① 在高温期间制种或制袋时：培养料中加入的水要保持清洁。

② 母种或原种必须纯种培养：不用带有杂菌的菌种转管。

③ 接种时：严格按照无菌操作规程进行。

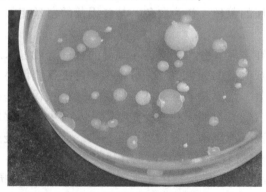

图 5-11 细菌菌落形态

（二）子实体病害

1. 珊瑚型猴头菇

（1）病害特征。子实体从基部起分枝，在每个分枝上又不规则地多次分枝，成珊瑚状丛集，基部有一条似根状的菌丝索与培养基相连，以吸收营养。这种子实体有的早期就死亡；有的能继续生长发育，小枝顶端不断壮大，形成具有猴头形态的一个个小子实体（图5-12）。

图 5-12　珊瑚型猴头菇

（2）发病条件。一是菇房二氧化碳浓度过高。当二氧化碳浓度超过 0.1% 时，刺激菌柄不断分化，抑制中心部位的发育，形成不规则的珊瑚状。二是培养料不适宜。培养料中混有芳香族化合物或其他有害物质，使菌丝在生长发育过程中受到抑制或异常刺激。

（3）防止方法。在配制培养料时，不能混入松、衫、樟等木屑及其他有害物质。在子实体发育期间，要注意通风换气，保持栽培室有足够的新鲜空气。若已经形成珊瑚状子实体，在幼小时就要将其摘除，以重新获得正常子实体。

2. 光秃型猴头菇

（1）病害特征。子实体呈块状分枝，系由各分枝生长发育而成，但子实体表面皱褶，粗糙无刺，菇肉松软，个体肥大，略带黄褐色，香味正常（图 5-13）。

图 5-13 光秃型猴头菇

（2）发病条件。水分湿度管理不善，部分会产生光秃无刺猴头菇。子实体的蒸腾速度能影响到菇体的正常发育。据测定，一个直径为 6~11cm、体积为 70~150mL 的子实体，每天水分蒸发量为 2~6g。温度越高，蒸发量越大。如管理条件不适，室温高于 24℃，湿度低于 70%或者长期处于95%以上的高湿环境，都会影响到菌刺的形成。当温度低于 6℃时，子实体停止生长使菇体表面冻僵也会形成光头菇。

（3）防止方法。在子实体发育期间，若气温高于 24℃，要加强水分管理，使室内相对湿度保持在 90%左右。当菌刺分化受到明显抑制时，要及时采取提高湿度，增加通风量的方法，形成干湿交替，促进菌刺的发育，但恢复正常生长的子实体仍保留有畸形的痕迹。而当温度低于 6℃时，就要及时做好保暖工作，避免菇体表面冻僵。

3. 色泽异常型猴头菇

（1）病害特征。色泽异常型猴头菇主要有两种：一是子实体从幼小到成熟一直呈粉红色，但香味不变。有的幼蕾呈粉红色，随着子实体发育成熟，可转变成白色（图 5-14）。二是子实体与正常猴头菇无多大差别，只是菇体发黄（图 5-15）。

（2）发病条件。温度低是猴头菇子实体发红的主要原因。据观测，培养温度低于 10℃，子实体即开始变为粉红色，随着温度下降而色泽加深。光照度在 2 000 lx 以上、菇房湿度过低都易使猴头菇变黄。

（3）防止方法。菇房温度不能长时间处于12℃以下，冬季要做好菇房的防寒保温管理。在子实体生长期应避免强光照，防止菇体

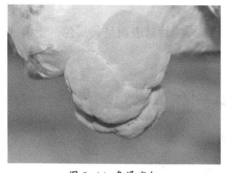

图 5-14 色泽变红   图 5-15 色泽发黄

变色，同时还要防止干风直接吹到子实体上，以减少其水分蒸发，避免子实体发黄。

4. 干缩瘦小型猴头菇

（1）病害特征。幼菇菇体瘦小，表面干缩呈黄褐色，菌刺短而卷曲（见彩页）。菇体香味不变，但味道略苦。

（2）发病条件。当空间湿度低于70%时也会出现此现象。第二批菇生长以后，受杂菌污染的菌袋也易发生。

（3）防止方法。出菇期及时向空间喷水，将空气相对湿度维持在85%~90%。加强通风，防止杂菌感染，不要往菇体上直接喷水。

5. 粗刺型猴头菇

（1）病害特征。子实体菌刺粗长，而且散乱，球块分支，小或不形成球块（图5-16）。

（2）发病条件。菇房空气湿度高于95%和通风不良而形成。

（3）防止方法。在适宜条件下培养，菇房空气湿度高于95%，根据情况适当通风换气，喷水时不要把水洒在菇体上。另外，菌种传代次数过多，引起种性退化，也有可能导致子实体畸形，因此在生产过程中，要做好育种和保藏工作。

图 5-16 粗刺型猴头菇

6. 死菇、霉变

（1）病害特征。子实体停止生长，幼菇表面呈黄褐色，干缩或水渍状，甚至霉变（图5-17）。

图 5-17 死菇

（2）发病条件。当温度低于0℃时，菇体冻僵而死亡，即使温度逐渐回暖子实体也无法恢复生长，甚至开始发霉。另一种情况是霉菌侵袭导致子实体变褐发霉、发黑。

（3）防止方法。在寒潮来临时，采取暖水管道加温，将菇房温度提高到5℃以上，并及时向空间喷水，增加空气相对湿度。若已经形成死菇，则应将病菇及时摘除，以重新生长子实体。

二、主要虫害及其防治

为害猴头菇的害虫种类很多，但常见的主要有菌蚊、菇蝇和螨类。这些害虫一方面取食猴头菇培养料、菌丝及子实体，降低产量和品质；另一方面，带入杂菌，使菌袋被污染，造成栽培失败。

（一）菌蚊类

菌蚊类害虫统称为菌蛆或菌蚊，这类害虫属于双翅目（图5-18）。为害猴头菇的有真菌瘿蚊、眼菌蚊、异型眼菌蚊、闽菇迟眼菌蚊、狭腹眼菌蚊、茄菇蚊及金毛眼菌蚊等，这些菌蚊的共同特点是成虫虫体小而柔弱，以幼虫对食用菌造成为害，其幼虫称为菌蛆（图5-19）。

图 5-18 菌蚊

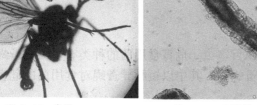
图 5-19 显微镜下瘿蚊幼虫

1. 为害症状

菌蚊的成虫不为害猴头菇，成虫的寿命短，交尾产卵后不久即死亡。成虫具有较强的趋化性和趋光性。幼虫孵化出来后即可取食菌丝及培养料中的一些成分，并导致培养料变色变疏松，受菌蛆为害重的菌袋，菌丝生长不好或不能生长或出现退菌现象，出菇时间延迟且菇蕾少，受害严重的不能出菇。经高压或常压灭菌处理的菌袋或菌瓶中发生少，基本上在第一潮菇采收后发生。

2. 预防措施

（1）合理选用栽培季节与场地，选择不利于菌蚊生活的季节和场地栽培。在菌蚊多发地区，把出菇期与菌蚊的活动盛期错开。选择清洁干燥、向阳的栽培场所，做好环境卫生，杜绝虫源。栽培场周围 50m 范围内无水塘、无积水、无腐烂堆积物，这样可有效地减少菌蚊寄生场所，减少虫源，也就降低了为害程度。

（2）菌丝培养环境要求干燥，以减少发菌期菌蚊繁殖量。第一批菇采收要及时清理菌袋及地面残菇、死菇等，防止成虫在这些地方产卵。

（3）物理防控，诱杀成虫。在成虫羽化期，菇房上空悬挂黄光杀虫灯，每隔 10m 挂一盏灯。晚间开灯，早上熄灭，诱杀大量成虫，可有效减少虫口数量。在无电源的菇棚可用黄色黏虫板悬挂于菌袋上方，待黄板上黏满成虫后再换上新虫板。栽培室的门窗上安装塑料纱防止成虫飞进菇房。

（4）药剂控制，对症下药。在出菇期密切观察料中虫害发生动态，当发现袋口或料面有少量菌蚊成虫活动时，结合出菇情况及时用药，将外来虫源或菇房内始发虫源消灭，则能消除整个季节的菌蚊虫害。在转潮期施用菇净、阿维菌素、氯氰菊酯等低毒农药，在出菇期则采用点蚊香驱虫的方法更安全。

(二) 菇蝇类

菇蝇属双翅目害虫。危害食用菌的种类有：白翅蚤蝇、蘑菇蛇蚤蝇和短脉异蚤蝇等，其中以短脉异蚤蝇对食用菌的危害最普遍和严重。

1. 为害症状

主要以幼虫咬食中高温期的猴头菇菌丝和菇体。幼虫蛀食菇体形成孔洞和隧道，使菇体萎缩、发黄失水而死亡（图 5-20）。

图 5-20　幼虫蛀食菌丝

2. 预防措施

（1）菇房应远离田野，并及时铲除菇房四周杂草，减少菇蝇的寄居场所。

（2）不要将发菌袋与出菇袋同放一个栽培场所，以免成虫趋向发菌袋产卵危害。发生量大的菌袋要及时回锅灭菌后重新接种。

（3）及时清除废料，虫源多的废料要及时运至远处晒干或烧毁，防止继续繁殖危害。

（4）一旦发现成虫在袋口表面活动时，就要喷药防治。可选能杀死成虫的药剂，如菇净或高效氯氟氰菊酯；当幼虫钻入出菇袋内时，及时将菌袋浸泡于 2 000 倍的菇净药液中；在无菇时，喷施菇净以驱杀成虫。

（5）菇房门窗设纱窗，若菇房内有成虫出现，可利用其趋光性，在菇房内设灯光诱杀。

（三）螨类

害螨是指对人类有害的螨类。螨是一类微小的生物，它的分类地位属于动物界节肢动物门蛛形纲蜱螨目。

1. 为害症状

猴头菇上的螨虫主要是粉螨和蒲螨（图 5-21）。粉螨属小型节肢动物，是主要以植物或动物的有机残屑为食的植食、菌食和腐食性螨类，是房舍和贮藏物螨类中的重要群落，其种类繁多，分布广泛。猴头菇上的螨虫多滋生在棉籽壳、玉米芯、麦麸这些原材料上，厂区周围草丛、木屑堆场也大量存在。通过人为走动带到菌种室和培养室。在菌袋上群集生活，主食菌丝，制种、发菌时均可受害，引起培养料菌丝衰退，造成接种后不发菌或发菌后出现"退菌"现象，导致培养料变黑腐烂。大量发生时，菌袋犹如撒上了一层土黄色粉末，几天内就能食尽栽培袋上的全部菌丝（图 5-22）。

2. 预防措施

害螨的防治以预防措施为主。

（1）选用无螨菌种。种源带螨是导致菇房螨害暴发的首要原因。

图 5-21 显微镜下螨虫

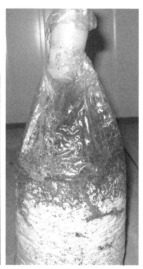

图 5-22 螨害菌袋

因此，菌种厂应保证菌种质量，提供生活力强壮的无螨虫的种子。菇农应到有菌种生产资格的菌种厂购买菌种。

（2）菇房内外的环境卫生要搞好。特别是废弃培养料必须清除干净，以减少螨虫的滋生场所，也便于消毒处理。螨虫在棉籽壳、麦麸、厂区周围草丛和木屑堆场上大量存在，控制螨虫使之不向菌种室和培养室传播，是每个猴头菇栽培者必须做好的工作。

（3）发现螨虫的房间应尽早隔离。并及时用杀螨剂处理。出菇期出现螨虫为害，应及时采摘可采的菇体，而后用菇净1 000倍喷雾。过5天左右再喷1次，连续2~3次可有效地控制螨虫为害程度。或用1:800倍液20%三氯杀螨醇与80%敌敌畏混合液防治效果较好。工厂化栽培库房，用加热的方法把库房温度加热到50℃，可彻底杀灭螨虫。

第六章　猴头菇保鲜与加工

一、猴头菇的贮藏保鲜

　　影响鲜菇贮藏期限的直接因素是呼吸作用、蒸腾作用和褐变，因此保鲜工作的重点是控制呼吸、防止失水和遏止褐变。猴头菇适宜低温冷藏，不适宜真空贮藏。

　　低温贮藏又称冷藏，是利用自然低温或通过降低环境温度的方法，抑制鲜菇的生理代谢和酶活性，以达到延长贮藏保鲜期之目的。冷藏是一种行之有效的贮藏方法。冷藏的方法分冰藏和机械冷藏两种。冰藏在生产上最常采用，方法是将食盐或氯化钙加入到水中使之降低冰点，冰藏时只需将冰袋放在鲜菇的上方即可。少量鲜菇保鲜可在检选、分级包装后再冰藏（图6-1）。大量鲜菇保鲜，则应在预冷冷库中检选、分级与包装，然后冷链运输（图6-2）。规模化生产经营都采用冷库贮藏即机械冷藏。

图6-1　猴头菇保鲜

图 6-2 分级与包装

　　鲜猴头菇受挤压后极易褐变，因此在超市鲜销和网络销售时常采用保鲜盒包装（图 6-3）。经包装后，常温下（15℃左右）也能保存 1 周，若在 0~6℃温度下，则可保藏半个月，品质和风味基本不变。同时还可在包装物上印上食用方法、代号、日期和价格，摆在货架上一目了然。但是，鲜猴头菇贮藏时间过长（常温下 7 天以上，冷藏半个月以上），菇体的颜色会变黄、风味变差，子实体变软、质松，甚至出现厌氧呼吸，产生异味。

图 6-3 保鲜盒包装

二、猴头菇的初级加工

猴头菇的初级加工主要有盐渍、干制和罐藏。

(一) 盐渍加工工艺

盐渍菇的加工工艺流程是：原料验收→修整→清洗→杀青→冷却→盐渍→装桶→成品。

1. 原料验收

用于盐渍的猴头菇应适时采收，子实体完整，色泽正常，无变色，无异味，无斑点，无病虫害及其他杂质。

2. 清洗

剪去根部，将鲜菇放在自来水中冲洗干净（图6-4）。

图6-4 修剪

3. 杀青

洗净后的猴头菇，立即放入沸水中预煮杀青，杀死菇体细胞，抑制酶活性，防止变色和开伞。沸水中可加入6%的食盐和0.1%的柠檬酸。杀青锅为不锈钢锅或铝锅，忌用铁锅，否则菇体会变黑。锅内装水量不能超过全锅的50%，菇量以水量的40%（重量比）为宜。

杀青时要把盐水煮沸再放菇，下锅后要用笊篱上下翻动，使菇体均匀杀青。杀青以菇体中心熟透为度。

4. 冷却

杀青后，把菇体捞出置于冷水中冷却。冷却一定要冷透菇心，否则就会霉烂、发臭、发黑。然后捞起沥去水分后即可盐渍。

5. 盐渍。

根据菇体总量的60%准备好盐渍用水，再按用量加入40%的食盐（要求盐度达到22~24波美度，不足时适量补加）。经 3~5 天后，转入 23~25 波美度的饱和盐水中浸渍 1 周左右。这期间要勤检查，一旦发现盐水浓度不足 18 波美度时，应马上补足盐分。一般情况下，要转缸 2 次，其作用是排除不良气体，并使吸盐均匀。每次转缸后，都要用竹竿压下，使盐水浸过菇面，以免露出水面的菇体变黑。

6. 装桶或封缸

保存菇体的盐液是每 100kg 清水加盐 40kg，煮沸溶液后冷却、沉淀，滤去杂质，加入 2%的柠檬酸，此时盐度为 18~22 波美度。装桶时要在桶内先倒入 3kg 以上盐水，按菇体等级过秤后装桶（过秤时用竹篓或周转箱盛菇，以滴水断线 3 分钟为标准），然后加足盐水，贴好标签（图 6-5）。以 50kg 塑料桶为例，固形物的要求如表 6-1 所示。

图 6-5　盐渍猴头

表 6-1　桶装盐渍菇规格标准

罐形	类别	净重 (kg)	净重允许公差 (%)	固形物重 (kg)	固形物重允许公差 (%)
50kg 塑料桶	统装	72	±8	50	±5

如果装缸，要在菇体上盖竹竿，压上石块，再倒入盐水淹没菇

体，缸口用塑料布封严，以防止水分蒸发，这样可存放1年。

（二）干制加工工艺

干制方法有自然干制和人工干制两类。自然干制是靠太阳晒干或热风吹干（阴干）。人工干制就是人为控制干燥环境，因而不受气候条件限制。它的优点是能缩短干制时间，保证干制质量，提高干制率。这里仅介绍人工干制技术。

人工干制要求在较短的时间内，采用适当的温度，通过通风排湿等操作管理，获得较高质量的产品。其主要步骤如下：

1. 原料分级

烘烤前，按猴头菇的长短、大小进行分级，使干燥程度一致。

2. 装筛

装量厚度一般以不妨碍空气流通为原则。干燥过程中，随着原料体积的变化，可适当改变其厚度，例如干燥初期要薄些，后期可适当集中而稍厚（图6-6）。

图6-6 装筛烘干

3. 升温

升温是关键技术。鲜菇进烘房前要预热烘房，使烘房温度达到40~45℃。烘房温度初期为低温（30~35℃），以后逐渐升高至60℃，最高温度不能超过65℃。要注意不要冷房进菇，因为冷房进菇不但烘烤时间长，而且色、香差。升温不能太快，升温过快会使菇体发黄变黑，影响质量。

4. 通风排湿

鲜菇干制时水分的大量蒸发，使烘房内相对湿度急剧升高，甚至可以达到饱和的程度。因此，必须十分重视烘房内的通风排湿工作。一般当烘房内相对湿度达到 70%以上，就应进行通风排湿。每次通风排湿时间以 10~15 分钟为宜。时间过短排湿不够，影响干燥速度和产品质量；过长会使烘房内温度下降过多，浪费燃料。

5. 倒换烤筛

即使是设计良好、建造合理的烘房，其上部与下部、前部与后部的温度也有所不同。靠近火道与炉膛的原料，较其他部位易于烘干，甚至会发生烘焦现象。烘架上部也会因热空气上升，温度往往较高，原料容易干燥，而烘架中部的原料则不易干燥。为了使其干燥程度一致，必须倒换烤筛。通常的做法是，在烘烤中期将最下部的第一、第二层的烤筛与中部的烤筛互换位置。

6. 掌握干制程度

干制时，要烘到成品达到它的标准含水量（11%~12%），才能结束烘干工作，进入产品的回收、分级、包装及密封保藏过程。

图 6-7 干品

7. 干品包装

干品经过分级和必要的处理之后，即可进行包装（图 6-7）。

干品一般先采用 0.004cm 左右的聚乙烯塑料袋包装好，再装入纸箱或纸盒中保藏（图 6-8）。包装容器的大小可根据消费者的需要来确定。

根 据 LY/T2132 –2013《森林食品 猴头菇干制品》国家林业局行业标准，猴头菇干品质量指标应符合表 6-2 的规定。

表 6-2 干品质量指标

项 目	一 级	二 级	三 级
色 泽	淡黄色	深黄色	黄褐色
组织形态	菇体呈圆锥形，个体均匀、无分枝，菇体须状菌刺完整，长短、粗细分布均匀	菇体呈圆锥形，个体均匀、无明显分枝，菇体须状菌刺完整，长短、粗细分布较为均匀	菇体呈圆锥形，有明显无分枝，菇体须状菌刺不完整，长短不一、粗细分布不均匀
菇体最宽直径（mm）	≥60	≥30 且<60	<30
秃刺率（%）	≤2	≤4	≤6
破碎率（%）	≤2	≤4	≤6
虫蛀菇（%）	≤2	≤4	≤6
霉烂菇	无		
气味	具有猴头菇特有的气味，无异味		
一般杂质 a（%）	≤1		
有害杂质 b（%）	无		
含水率 c（%）	≤12		

注：a. 猴头菇以外的植物性物质；

　　b. 有毒、有害及其他有碍安全卫生的物质（如人畜毛发、金属、砂石等）；

　　c. 按照 GB 7096 规定执行

图 6-8 隧道式烘干

目前，在猴头菇规模化烘干中已经采用节能烘干设备，使用多层架平铺摆放，应用高温热泵烘干技术（图6-8）。高温热泵烘干机组是利用压缩空气原理，机组从周围环境空气中吸取热量经压缩机进行压缩后变成高温空气的，并把它传递给被加热的对象（猴头菇），其工作原理与制冷机相同，输出温度可以达到75℃，而且可以智能化控制，烘干的猴头菇色泽、营养、风味和组织保持不变。

（三）罐头加工工艺

罐头质量的好坏，主要是由菇色、菇体大小均匀性、嫩度、风味及汤汁清晰度等几个方面决定的。其工艺流程如下：

原料验收→修整→预煮→冷却→挑选分级→装罐注汤→排气→封罐→杀菌→培养检验→包装出厂。

（1）原料验收。鲜猴头菇要求菇形完整，组织紧密，菌刺短，无病虫害、无异味，含水量85%左右。

（2）鲜菇修整。剪去菇根，剔除不合格菇，然后立即浸入清水池中进行漂洗，洗净杂质，捞出装入干净的塑料筐中沥干。

（3）预煮杀青。猴头菇洗净后及时进行杀青处理。方法是：将鲜菇放在100℃的0.06%柠檬酸溶液或5%食盐沸水中（菇和溶液比为1:4），预煮3~5分钟（从投菇后水沸起计时），以菇体中心熟透为准。预煮液可使用3次。

（4）冷却漂洗。杀青后迅速捞起，投入清水中冷却，漂洗时间不宜超过1小时。

（5）拣选分级。一级菇菇形园整，组织紧密，菇体直径≥4cm，菌刺长度≤1cm。二级菇菇形完整，菇体直径≥3cm，菌刺长度≤1.5cm。猴头菇酱：等外菇，用磨浆机打碎作酱。

（6）罐盖嵌圈。按规定，全国统一采用厂代号、年、月、日、班及产品代号顺序排列法打字。将胶圈置沸水中煮几分钟，然后嵌在马口铁盖内。

（7）配制汤液。锅内加水10L，精盐250g，煮沸后加入柠檬酸50g，使pH值为4左右，再用4~6层纱布过滤。

（8）装罐注汤。按企业标准计量装罐，装罐前检查空罐是否干净，有无破裂。装好后及时注入70℃左右的汤液，至离瓶口5mm

处，随即加上罐盖，但不盖紧，将罐放入排气蒸笼内加热排气。

（9）排气封罐。采用加热排气法。当罐头瓶的中心温度达80℃、汤液涨至瓶口、空气已被基本排除时，及时将罐头放在封口机上封口。针孔抽气密封时压力46.67~53.33kPa。封好口的罐置杀菌筐内保温准备杀菌。

（10）杀菌冷却。将装有罐头的杀菌车推入锅中杀菌，在98kPa压力下保持30分钟，然后反压冷却。杀菌公式为10′~30′~10′/121℃。杀菌后，要求在40分钟内逐级冷却到罐内中心温度40℃以下。冷却后，将罐盖罐身的水珠擦干，以免在存放时生锈。

（11）培养检验。将冷却到35℃左右的罐头立即搬入保温培养室，在35~37℃下培养5~7天（图6-9、图6-10）。用自行车钢条逐瓶敲打罐盖检查，剔除变质漏气、浊音等不合格罐。合格者贴商标，入库存放。

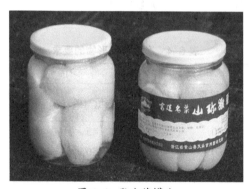

图6-9 猴头菇罐头

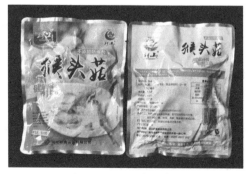

图6-10 猴头菇软罐头

根据 QB1397-1991《猴头菇罐头》中华人民共和国行业标准，猴头菇罐头质量指标应符合表 6-3、表 6-4、表 6-5 的规定。

表 6-3　感官要求

项目	优级品	一级品	合格品
色泽	菇呈乳白色或灰白色，汤汁较清	菇呈乳白色或灰白色，汤汁较清	菇呈乳白色或灰白色；汤汁尚清，允许有少量碎屑
滋味气味	具有猴头菇罐头应有的滋味和气味，无异味		
组织形态	组织紧密，菇体完整，菇体直径大于40mm，菇刺长度不超过10mm，菌柄长度不超过20mm；无畸形菇	组织较紧密，菇体尚完整，菇体直径大于30mm，菇刺长度不超过15mm，菌柄长度不超过25mm；畸形菇不超过固形物的15%	组织尚紧密，菇体直径大于15mm，菇刺长度不超过25mm；畸形菇不超过固形物的30%

表 6-4　净重和固形物的要求

罐　号	净　　重		固　　形　　物		
	标明重量(g)	允许公差(%)	含量(%)	规定重量(g)	允许公差(%)
315mL 四旋瓶	280	±3.0	45	126	±11.0
380mL 四旋瓶	360	±3.0	50	180	±11.0
500mL 罐头瓶	510	±5.0	45	230	±9.0

表 6-5　样品缺陷分类

类别	缺　　陷
严重缺陷	有明显异味； 硫化铁明显污染内容物； 有有害杂质，如碎破璃、头发、外来昆虫、金属屑等
一般缺陷	有一般杂质，如棉线、合成纤维丝、木屑； 感官要求明显不符合技术要求，有数量限制的超标； 净重负公差超过允许公差； 固形物重公差超过允许公差

三、猴头菇的精深加工

（一）猴头菇风味食品

1.猴头贡面

常山贡面又称索面，是浙江常山传统的汉族名吃，细腻爽滑，唇齿留香，属于贡品。贡面都是纯手工加工，一大坨面团经过揉粉、开条、打条、上筷、上架、拉面、盘面等10多道工序，逐步做成白如银、细如丝的贡面，手法令人眼花缭乱。

（1）配料。面粉50kg，猴头菇粉2kg，米粉3kg，精盐3kg。

（2）工艺流程。和面→醒面（熟化）→压片→切条→打条→上筷→上架→拉面→晒面→盘面（成品）。

（3）操作要点。

① 和面：按照配方要求，在面粉中掺入适量猴头菇粉（或猴头菇汁液），加入适量的水和食盐溶液（加水与盐量视气温和空气湿度高低来确定）。在搅拌机内搅拌20~30分钟，使之形成吸水均匀的面团，面粉、猴头菇粉、米粉、精盐、水的比例为50:2:3:3:33（kg）左右。

② 醒面（熟化）：将面团放置在案板上，覆盖干净湿润的纱布进行醒面（熟化），时间30~50分钟，以促进面团的均质化，使面料充分吸水膨胀，使面团中面筋质充分形成，具有延伸性。

③ 压片：把面团用手工揉压成厚度为2~2.5cm的面片，压好的面片布满整块案板，要求面片厚薄均匀一致，可以在面片上涂适量山茶油，使之成品面油光发亮。

④ 切条：把面片用钢刀切成为3cm宽度的长条，切好后卷入盘中覆盖干净湿润的纱面，静置醒面30~40分钟，使粗面条中的水份得到均匀分布，促使面筋质的进一步形成。

⑤ 打条：把醒好（熟化）的长条放在案板上打细打匀，打条的过程中需用少量的米粉或淀粉做粉扑，防止细条粘连，在打条的同时把所有的长条连接在一起，以减少面头和便于操作，边打条边将打细的面条卷入盆内，打好的细面条直径约为6mm，全部打好后在细面条上覆盖干净湿润的纱布，静置醒面30~40分钟，增强细面条

中的面筋质。

⑥ 上筷：将醒好（熟化）的细面条一圈一圈地卷到两根筷子上，一般每筷卷 32~40 条，然后将上好面的筷子放入醒面箱中的架子上，箱上覆盖食品用的塑料膜，静置醒面 3 小时左右，进一步强化湿面条的面筋质，以防拉面时出现断裂。

⑦ 上架拉面：待筷子上的湿面条逐渐自然下垂，此时就可将筷子从箱子中按序取出，一根筷子插入晒架上部的孔中，另一根筷子随面条自然下垂，每架插 80 筷左右，全部上架后就开始拉面，拉面时 5 筷一拉，一般分 2~5 次把面条拉到底，湿面条的长度在 2~2.2m，直径 0.7~1.2mm（图 6-11）。

图 6-11　上架拉面

⑧ 晒面：把拉好的湿面条连同晒架一起搬到晒场，将下面一根筷子插入晒架下部的孔中，晾晒，水分含量一般控制在 13%以下。

⑨ 收面：把晒干的成品面从晒架上取下，将去筷子上的面头后拿出筷子，按不同需求的规格收好并捆扎，再按定量包装要求装入纸箱中（图 6-12）。

2. 猴菇饼干

猴头菇饼干是以面粉、糖、油脂等为主要原料，加入一定的猴头菇粉，经面粉的调制、压片、成型、烘烤

图 6-12　猴头贡面

等工艺制成的食品。具有口感酥松、食用方便、营养丰富、便于携带、风味独特等特点。江中集团生产的猴菇饼干，邀请国内著名影视演员徐静蕾代言，宣称由猴头菇制成具有养胃功能，该饼干刚一上市便赚足眼球（图6–13）。

图 6–13　猴头菇饼干

（1）配料。猴头菇粉5kg，面粉 95kg，砂糖 32~34kg，油脂（植物油）4~16kg，饴糖 3~4kg，奶粉（或鸡蛋）5kg 左右，碳酸氢钠0.5~0.6kg，碳酸氢铵 0.15~0.3kg，浓缩卵磷脂 1kg，香料适量。

工艺流程：配料→调粉→静置→压片→冲印成型→烘烤→冷却→分拣→包装

（2）操作要点。

① 调粉：可按下列操作程序进行

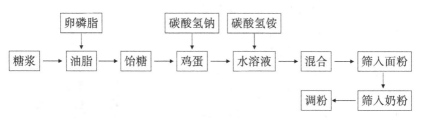

② 静置：当调粉结束时，面团温度应在 25~30℃.若面团黏性过大，胀润度不足，影响操作时，需静置 10~15 分钟。

③ 压面或碾扎：将面团进行碾扎或压面，使面团变成平整的面片。

④ 成型、烘烤：将压平的面片采用冲印或辊切等法成型，放在烤盘中，在 300℃温度下烘烤 3~4 分钟即可。

⑤ 冷却、包装：饼干烤好后，取出自然冷却，当降至 45℃以下时，可包装入库。

3. 猴头蜜饯

将残次猴头菇及加工罐头的下脚料加工成蜜饯，具有一定的经济价值，可充分利用猴头菇，减少浪费。

（1）工艺流程。

选料 → 漂洗 → 杀青 → 硬化 → 糖液冷浸 → 糖煮 → 烘烤 → 包装

（2）操作要点。

① 选料：要求八九分成熟的鲜猴头菇，切除根蒂，清除培养料。

② 漂洗：把选好的菇放入清水中漂洗干净，除去泥土、杂质。

③ 杀青：将猴头菇洗净后投入夹层锅，在 90~100℃的热水中漂烫 3~5 分钟，立即冷却，沥干水分。

④ 糖液冷浸：将沥干水的猴头菇浸泡在 40%的冷糖液中，时间为 3~5 小时。

⑤ 糖煮：配制 65%的糖液，煮沸，把用冷糖浸渍好的猴头菇倒入，大火煮沸，再以文火（以微沸为度）熬制 1~2 小时，不断搅动，再加入 1%的柠檬酸，继续熬煮至糖液含量达 70%左右（用糖量计测定），外观呈金黄透亮时即可出锅。

⑥ 烘干包装：将上述猴头菇摊放在瓷盘上放入烘箱（房）内，于 50~60℃下烘 5 小时左右，要经常翻动，至蜜饯晶莹透亮，基本不粘手时，即可取出晾冷，用玻璃纸包好，再装入塑料袋中。

猴头菇蜜饯酸甜可口，色泽金黄透亮，具有一定"咬劲"，营养丰富，尤受儿童、妇女的欢迎。

图 6-14　猴头菇酒

（二）猴头菇饮料

1. 猴头菇补酒

猴头菇补酒是以猴头菇为原料，以糯米甜酒酿为酒基，配以当归、党参、黄芪、白术等名贵药材的提取液酿制而成的。它具有益气、补脾、健胃、补血、活血、健身、防癌等功能，特别适宜中老年人饮用（图6–14）。

（1）工艺流程。

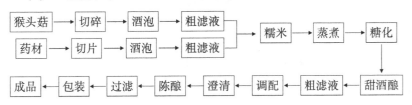

（2）操作要点。

① 酒基制备：选用精白糯米为原料，加水浸泡，吸足水后蒸熟。待冷却到30℃时，拌入甜酒药粉，让其糖化发酵，最好保温在28℃左右。经36小时左右，酒度达到4度左右，糖度达到15°波美左右时，即可进行压榨，粗滤，得酒基备用。

② 猴头菇提取液制备：选用无病、无虫害的当年优质猴头菇切碎，放在50度白酒中，浸渍40天，用8层纱布过滤，得金黄色猴头菇粗滤液备用。

③ 药材提取液制备：选用优质药材，去杂洗净，用铡刀切成薄片，晒干，称量，然后加入50度白酒中浸泡40天，用8层纱布过滤，得药材粗滤液备用。

④ 调配：按配方取出一定量的猴头菇和药材粗滤液，加入到糯米酒酿粗滤液中，混合均匀后测定混合液的酒度和糖度。如果酒度或糖度偏高或偏低，可用上等蜂蜜调整糖度，用活性炭处理过的再蒸酒精调整酒度。

⑤ 澄清、陈酿：在调配好的液体中加入1%~1.5%的蛋清，蛋清先打成泡状再倒入，用力搅拌3~5分钟，静置澄清，陈酿3~5个月。

⑥ 过滤、分装：用虹吸管吸出上清液，使其流入预先置有滤棉和滤布的漏斗中过滤。然后装瓶，经检验合格后包装出厂或进库保

存。

（3）质量标准。

该产品外观呈琥珀色，透明清澈，具有猴头菇和药材的清香。酒味柔和纯正，酒精度为24~26度，糖分9~10g/100mL，总酸（以琥珀酸计）0.2~0.39/100mL，含有丰富的氨基酸。

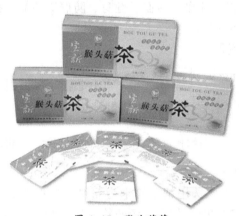

图6-15　猴头菇茶

2. 猴头菇袋泡茶

猴头菇袋泡茶是将猴头菇与名茶有机结合，按茶饮料的加工工艺制作而成，在国内外饮料市场上具有很强的竞争力（图6-15）。

（1）工艺流程。

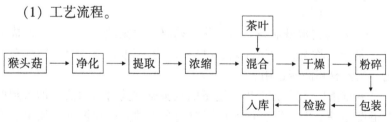

（2）操作要点。

① 原料清洗：选用无病、无虫害的当年优质猴头菇，放在浓度为4mg/kg的臭氧水中浸泡10分钟，可减少猴头菇表面75%以上的微生物。

② 提取：选择15MPa高压均质使猴头菇细胞破裂，然后加入纤维素酶0.5‰、果胶酶1.0‰、中性蛋白酶1.0‰，在pH值4.0、温度

50℃的条件下，使细胞壁的纤维素充分降解。

③浓缩：通过二段浓缩工艺来完成对猴头菇活性物质提取液的浓缩。具体工艺如下。

进料：提取液的浓缩采用间歇式真空浓缩锅，夹层加热，可连续进料间歇出料。在设备清洗干净后，启动水力喷射抽空系统。当真空度达 0.05MPa 时即可打开进料阀；利用真空进料。吸入的料液面高度以达到观察孔下端为限。

第一阶段浓缩：待真空度达 0.08MPa 后，开启控制加热蒸汽阀门。观察料液沸腾情况，调节蒸汽压力，保持稳定内沸腾状态。浓缩一段时间后，当料液面略降低，即可打开进料阀并控制进料量，保持进料量与蒸发量相对平衡。真空度保持在 0.07~0.08MPa 范围，此时沸温在 60~70℃，蒸发量较大。如此连续进料浓缩，将贮液罐中的提取液全部浓缩完；然后放出浓缩液（低温保存），继续进行下一批提取液第一阶段浓缩。

第二阶段浓缩：合并第一阶段浓缩得到的数批浓缩液进行第二阶段浓缩。提高真空度达 0.085MPa 以上，打开加热蒸汽阀门。控制蒸汽压力，保持稳定的沸腾状态，连续进料浓缩。随着浓缩的进行，浓缩液的比重及黏度逐渐升高。一方面，真空度要进一步提高到 0.09MPa 或更高。保持沸温稳定在 45℃左右；另一方面，随着液位降低，逐渐关小蒸汽阀门及总阀，再继续浓缩 10~20 分钟，即可达到浓缩目的。

浓缩终点的确定：第一阶段的浓缩是为了得到比重约为 1.05 浓缩液；可迅速从下料口取样，用比重计测定其浓缩终点。第二阶段的浓缩可得到比重为 1.20 左右的浓缩液；一般可根据经验判断其浓缩终点：当浓缩液黏度升高、沸腾状态滞缓，微细的气泡集中在中央，表面稍呈光泽时即可。

④干燥：将浓缩后的猴头菇浸膏与茶叶充分混合，置 55℃温度下烘干，再粉碎成颗粒。

⑤包装：采用袋泡茶自动机来包装猴头茶，以袋泡茶的形式供应市场。

3. 猴头菇酸奶

将猴头菇菌丝发酵液添加到牛乳中，经乳酸菌发酵制成的猴头菇酸奶，具有口感细腻、酸甜可口、凝乳均匀、色泽淡黄和菇香味浓的特点（图6-16）。

图6-16 猴头菇酸奶

（1）工艺流程。

母种试管斜面→菌丝体培养→匀浆→过滤→配料→消毒→冷却接种→分装→发酵→后酵冷藏→成品

（2）操作要点。

① 猴头菇菌丝发酵液制备：接常规方法将猴头菇母种接入PDA试管斜面，进行母种培养。取新培养母种，每支接500mL三角瓶6~8瓶，每瓶装液体培养基200mL，置于转速为140~150转/分钟、温度25℃的旋转式摇床上培养5~6天，获得液体菌种。选用500L的发酵罐，每罐装料300L，常规高压蒸汽灭菌，冷却后接入液体菌种，置于进气压力0.05~0.15MPa、温度24~26℃的条件下发酵7~8天，至发酵液呈黄棕色、充满菌球时，将菌丝球和发酵液混合液入磨浆机磨成浆，用100目滤布过滤即发酵液。

② 酸奶发酵剂制备：选用嗜热链球菌和保加利亚乳杆菌，两种菌混合物的比例为1:1，选用脱脂牛乳、全牛乳为培养基，按以下过程制备：纯培养菌种的活化→母发酵剂制备（试管）→中间发酵剂的制备（三角瓶）→工作发酵剂制备（桶）。纯培养菌种活化、母发酵剂、中间发酵剂制备用脱脂牛乳做培养基，工作发酵剂（即生产用发酵剂）培养基用全脂牛乳。培养基灭菌条件为：脱脂牛乳121℃，20~25分钟；全脂牛乳90~95℃，5~15分钟。

③ 配料：淡奶粉、猴头菇菌丝发酵液、水按1:2:5比例，再加入0.3%的稳定剂，10%蔗糖。

④ 混合料处理：将混合好的料液加热至60℃，在(1.47~1.96)×10^7Pa压力下均质，使料液充分乳化，增加稳定性，预防成品大量析出乳清。接着在90~95℃温度下灭菌5~15分钟，立即冷却至42℃，按混合料的2%~4%加入生产发酵剂，搅拌后分装于酸奶杯或酸奶瓶中，封口，送入发酵室或恒温箱，于42~45℃发酵至pH值为4.6左

右，迅速移至 5℃冰柜中进行后发酵冷藏。

（3）产品质量指标。

① 感官指标：菇香味浓，并具有发酵奶的香味，酸甜适中，无异味。表面光滑细腻，凝乳均匀，无气泡，有少量乳清析出，色泽呈淡黄色，均匀一致。

② 理化指标：蛋白质≥2.3%；酸度≥70.00°T；黄曲霉、三聚氰胺呈阴性。

③ 微生物指标：乳酸菌≥10^6cfu/mL；大肠杆菌≤90MPN/100mL；致病菌不得检出。

（三）猴头菇保健食品、药品

1. 猴头菇多糖

（1）工艺流程。

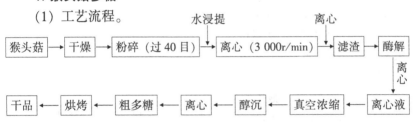

（2）操作要点。

① 浸提：将猴头菇子实体在 60℃干燥、粉碎、过 40 目筛后，加入 10 倍水加热至 90℃浸提 2 小时，过滤，共浸提 2 次。

② 酶解：热水浸提后的滤渣加水，升温至 45℃时，加入一定量的复合酶，酶解 1 小时，然后升温至 100℃，灭酶，搅拌保温 1 小时，过滤。

③ 浓缩：将 3 次滤液真空浓缩，温度保持 70℃，浓缩液相对密度达 1.2。

④ 醇沉：浓缩液加入 95%酒精进行沉淀，离心过滤，酒精滤液回收。滤出的多糖进行真空干燥，即得色泽较深的粗多糖干品。粗多糖还可去杂、脱色、分离纯化。

（3）产品加工。

① 猴头菇冲剂：猴头菇多糖 100g，葡萄糖适量，10%淀粉浆适量，制成 500g 猴头菇多糖冲剂。制法：取猴头菇多糖粉，加葡萄糖

粉混合均匀，用10%淀粉浆制粒，过14目筛，干燥即得。

② 猴头菇固体饮料：取猴头菇多糖提取物，经微囊化技术加工制成固体颗粒饮料，产品保留了猴头菇原有风味，水溶性好（图6-17）。

2. 猴头菇超细粉

超细粉碎是近10年来出现的物料加工新技术，目前已广泛应用于食品、保健食品、药品等行业。从目前超细粉碎的应用来看，其成品粉体粒度范围一般定义在平均粒径零点几微米到数微米之间(原料粒度为0.5~5μm)（图6-18）。

图6-17 猴头菇固体饮料

图6-18 猴头菇超细粉

超细粉碎能使细胞内容物直接暴露而提高了溶出度，使人体对营养及功能成分吸收速率、比例上实现飞跃性突破，同时能保持猴头菇中有效物质的天然性。

（1）工艺流程。

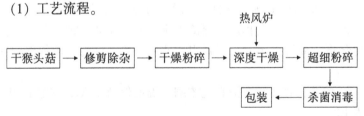

（2）操作要点。选用冲击超细粉碎机，速度要求在120m/s以上，产品平均细度可达到5μm以下，达到细胞破壁的目的。

（3）产品特点。

① 猴头菇超细粉开水即冲即熟，易消化吸收，生物利用率高。

② 可将猴头菇与其它添加料一起粉碎，使营养更加丰富全面，也可将猴头菇超细粉用作保健补品的添加剂。

124

图 6-19 猴头菇糕点

③ 作为中间产品进一步加工成猴头菇酥、猴头面包和猴头月饼等独特风味的食品（图 6-19）。

3. 猴头胶囊、颗粒、片剂

（1）猴头浸膏。猴头浸膏是猴头胶囊、颗粒和片剂的中间产品，生产中通常在集中时间段进行提取、浓缩、干燥制得猴头干浸膏后加以贮存，再根据需要进一步制备成猴头胶囊、颗粒和片剂。

① 提取：猴头菇子实体粉碎成花生仁大小（不用猴头菇子实体时也可用甘蔗渣培养的猴头菇菌丝体提取），称取猴头菇重量投入提取罐中，加 10~12 倍子实体重量的去离子水（亦可用纯净水或蒸馏水或饮用水，勿用硬质的井水），加热煮沸，保持微沸 1.5 小时左右，煮沸时水面要求盖过猴头菇原料面，用 80 目网筛或白棉布过滤，提取汁水，猴头菇继续留锅内。再加 10~12 倍量上述标准的水，开始第二次煮提，保持沸腾 1~1.5 小时，用 80 目网筛或白棉布过滤，提取滤液。将两次滤液合并后进行离心过滤，滤液供浓缩。

② 浓缩：采取真空浓缩，当真空度达到 0.07MPa 时开始进料，进料至分离器下视镜 1/2 处，开始加温浓缩，温度控制在 60℃左右。浓缩至比重 1:1.35 左右，即为猴头菇流浸膏。流浸膏可进一步加工成猴头菇片、猴头胶囊或颗粒。

③ 干燥：将浸膏按重量均匀分置于烘盘中，在 60℃左右温度下减压烘干，当物料不再起泡和凝结水珠消失后，继续干燥 15 分钟，

然后收膏。

（2）猴头颗粒、胶囊。称取一定量的 1:1.35 比重的猴头菇流浸膏，加 2 倍重量的淀粉（也可与硫糖铝、次硝酸铋、三硅酸镁配伍制成复方制剂），在 60℃左右减压烘干。取干浸膏过 80 目筛孔进行磨粉，将干粉投入混合机内混合，加适量乙醇，在颗粒机中制粒，然后烘干，整粒过筛，再装胶囊或装瓶，密封保存（图 6-20、图 6-21）。

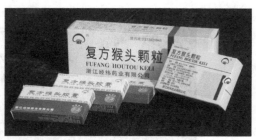

图 6-20 复方猴头胶囊、颗粒

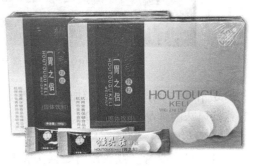

图 6-21 猴头菇颗粒

（3）猴菇菌片。称取一定量 1:1.35 比重的猴头菇流浸膏，加入 4~5 倍量重的淀粉，拌和，在 60℃以下烘干，用压片机压片（素片），素片外包糖衣即成。该产品为片剂，除去糖衣是棕色颗粒，有黏性，气味特异，味微苦。

4. 猴头菇口服液

目前我国已形成商品并投放于市场的猴头菇口服液是太阳神猴头菇口服液，该产品采用猴头菇子实体干品为主要原料，配以茯苓、山楂、蜂蜜、乳酸锌以及鸡、蛇提取液等原料精制加工而成的，对胃肠不适症状有良好的调养保健功效，对慢性胃炎、胃及十二指肠溃疡等症有良好的辅助治疗效果（图 6-22）。

（1）工艺流程。

猴头菇干品→剔选→切碎→浸泡→提

图 6-22 猴头菇口服液

取→过滤→浓缩→配制→过滤→罐封→杀菌→灯检→成品。

（2）技术要点。

① 原料剔选、粉碎：原料采用优质猴头菇子实体干品，要求干燥、新鲜、未霉变、无异味和杂质。然后用切碎设备把符合标准的猴头菇干品菇成碎粒，为 1~2cm。这里值得注意的是不能把猴头菇干品粉碎成粉末，以免影响提取效果。

② 浸提和过滤：根据成品的营养要求不同，浸提的步骤与方法各不一样。猴头菇口服液是以提取氨基酸、多糖为目的，一般浸提只需分两步进行即可。首先用 10~15 倍的水（重量比），浸泡 2~3 小时（温度在 40~60℃），搅拌，然后升温至 98~100℃，水浴 1 小时，冷却后用离心机进行浆渣分离。抽提液中含有大量的可溶性糖类、游离氨基酸等。第二步是在第一次分离的残渣中加入 10~12 倍水，并加入蛋白酶、纤维素酶等，用柠檬酸等调节 pH，并注意所用酶的适宜活性温度，进行最有效的酶解处理，时间一般是 30~60 分钟，再把温度升至 98~100℃恒温 1 小时，对酶进行灭活处理，然后冷却再进行离心过滤。滤液中含有氨基酸、肽类、氨基葡萄糖和多糖等物质。将上述 2 次抽提液混合，再进行高速离心。

③ 浓缩：由于提取液中所含猴头菇营养物质浓度较低，所以要采用减压浓缩设备进行浓缩，使其浓度达到每 1mL 液中含原猴头菇1g 左右。浓缩过程应采用比重计测定加以控制。

④ 配制和过滤：根据成品口感及营养的要求，可以在抽提液中加入蜂蜜等配方中规定的营养物质进行配制，以改变其风味，增进其营养。搅拌时温度控制在 85~95℃，配制结束应立即冷却至常温。由于通过热水浸提，会使成品在贮藏过程中产生絮状沉淀，严重影响商品的外观，所以在生产中常将配制液置于不锈钢盛料桶中，静置 12~24 小时，使其自然沉淀（在特殊情况下以及高温的季节生产，应将配制液置 4℃的冷库中静置）。然后取上清液进行板框压滤，用试管检查其澄明度，直至澄明度符合质量要求，即可用于灌装。如果成品质量对色泽有严格要求，还可进行脱色处理。

⑤ 罐封与杀菌：按照常规口服液制作方法装入易拉盖安瓿瓶中进行封口。在罐封过程中，应注意检查装量差异及漏罐、易拉盖封口质量等。罐封后在 105℃的条件下，蒸汽杀菌 30 分钟，而后用温

水冲淋，冷却后进行感观（即灯检）及理化指标的检验。灯检主要是检出有杂质、漏罐及装量超标等不合格品。（如果是生产铁听饮料，则可按照常规方法装入马口铁罐等容器中，经杀菌后获得成品。）

（3）质量标准。

① 感观指标：色泽呈琥珀色至浅棕色；具有猴头菇和蜂蜜的香味，无异味；带有蜂蜜甜味，甜度适中，具有猴头菇的鲜味感；澄清或均匀浊液，无杂质，允许有少量的聚集物，经振荡后能均匀分布。

② 理化指标：总蛋白质≥0.6%；酸度为 0.4%~0.6%；总糖为 26%~40%；重金属含量砷≤0.5mg/kg，铅≤0.5mg/kg。

③ 微生物指标：菌落总数≤100 个/mL；大肠菌群≤3 个/100mL；霉菌总数≤100 个/mL；致病菌不得检出。

5. 猴头菇脆片

猴头菇脆片是一种新兴的时尚休闲食品，具有纯天然、低脂肪、营养损失少、酥脆可口等特点，市场前景广阔，发展潜力很大（图 6-23）。

（1）工艺流程。

原料验收→清洗(漂烫)→真空浸渍→真空油炸→离心脱油→分选包装→检验→成品

（2）操作要点。

① 真空油炸：将油温预热至 110℃左右，装入物料后封闭系统，抽空使得真空度稳定在 0.07~0.08MPa，启动油循环系统，将油炸室充入热油开始油炸，油温控制在 110℃左右，时间 16~18 分钟。油炸初期物料温度与油温相差较大，水蒸气大量产生，真空度与油温波动较大，

图 6-23 猴头菇脆片

应随时注意，予以调节控制。

② 离心脱油：油炸结束后应立即脱油，以免物料温度下降影响脱油效果。排除油炸室内的热油后，在真空状态下离心脱油，转速1 200r/min，时间2~3分钟。

③ 分选包装：猴头菇脆片水分含量低，极易从外界吸取水分影响脆性，因此包装材料选用水分及氧阻隔性好的复合包装袋。

（3）产品特点。猴头菇脆片的含油率在18%以下，而一般常压油炸食品的含油率在40%~50%，这对嗜好油炸食品的消费者来说无疑是个好信息，而且产品不需要添加任何抗氧化剂，保质期可达12个月以上。真空低温油炸猴头菇脆片具有以下几个特点：

① 营养丰富：猴头菇真空油炸干燥是在低温（90℃左右）对猴头菇进行油炸脱水，避免了高温对猴头菇营养成分的破坏，营养价值较高。

② 保持天然风味：由于真空油炸的温度低、时间短，从而有效地保留了猴头菇的原色原味，而且还可以根据不同的消费群体，调制成不同的风味。

③ 香、酥、脆，口感好：在真空状态下，猴头菇细胞间隙中的水分急剧汽化膨胀，体积迅速增加，间隙扩大，使产品具有香、酥、脆的口感。

第七章　猴头菇烹饪技术

一、猴头菇饮食文化

中国饮食文化源远流长，博大精深，已经形成和发展了众多名菜，食用菌便是其中的一种。食用菌是脍炙人口的山珍，自古以来与果蔬菱藻、鳞介牲羽等荤素食品共登盘餐，为孕育中华餐馔文化提供了肥沃的土壤。早在《吕氏春秋·本味篇》就有记载："和之美者，骆越之菌。"中国菌菜由历代宫廷菜、官府菜及各地方菜系组成，其高超的烹饪技艺和丰富的文化内涵堪称世界一绝。

猴头菌入馔，始见于明徐光启《农政全书》，至于后来猴头菌为什么能后来居上，名冠诸菌，可能与满族食俗和满人入关有关。据说，当时有一道寓意齐天大圣盗食蟠桃故事的宫廷菜，名为"猴首庆寿"。猴首，以猴头蘑扒制而成，它黄而明亮，鲜嫩柔润；蟠桃，则以鱼丸代替，它色白似玉，松软清淡；配上用菠菜叶、火腿丝、海参丝、笋丝、鸡丝等制成的菜卷，碧绿葱郁，入口生香，备受慈禧称赞，认为是延年益寿的佳肴。宫廷菜注重外观造型，在制作上讲究形味俱佳，且菜名雅典。如"御笔猴头"，将发好的猴头菇批开成薄片，在盘中码成方形，有菌刺的一头，上抹鸡茸，鸡茸上用火腿条做成笔杆形，蒸熟后蒙白汁而成。那火腿条似笔杆，菌刺似笔豪，酷俏皇帝使用御笔。再如仿膳中的"松树猴头"，原本是清宫御膳中的一款工艺菜，是将发菜做成树桩，兰片切成树枝，猴头菇做成树顶，荸荠、木耳做松塔，形象逼真，令人不忍下箸，流到民间，成为辽宁菜、山东菜中的上珍，在烹调方法上又有所改进。

自 20 世纪 80 年代以来，北京、上海、南京、杭州以及香港等地的猴头菇品尝会、产品推介会接踵而来，大大普及了猴头菇的烹调技艺（图7-1、图7-2）。笔者有幸见证了在上海、杭州举办的"常山猴头菇"品尝会。

图7-1 猴头菇烹调

图7-2 猴头菇烹饪进央视

第一次，上海扬州饭店猴头菇品尝会。

1985年3月2日晚上，上海扬州饭店的猴头宴，由著名特级厨师莫有财亲自掌勺，真可谓百猴纷呈。仅听一听菜名就令人心醉了，香卤猴头菇、松仁猴菇米、翡翠猴菇片、辣味猴菇丝、虾胶酿猴菇头……的确，同一种珍贵的食用菌，在烹调大师的手中，成了善于七十二变的"孙猴头"：软、嫩、滑、爽、韧，风味迥异。

经名师精心烹饪，上桌的猴头菇珍肴丰姿多彩，既有冷盘，也有热菜，口味均别具一格。一盆口味浓郁的香卤猴头菇，是用干猴头菇经过涨发，加上桂皮、茴香等香料和卤汁，用文火烧至入味，再用旺火收汁而成，吃时软滑味美。麻辣猴头菇则用新鲜猴头菇，通过处理后，放入鸡汤煨，加上麻辣调味，吃来既嫩又鲜，微辣爽口。三色猴菇片、扒猴头菇、猴头菇锅巴等，吃时或觉肉嫩可口，汤清味醇；或觉味美鲜香，浓鲜利口。就说扒猴头菇吧，它是将猴头菇正中切开一半，中间嵌入鸡肉，用文火烧好后盛入菜盆内。只见一只一只猴头菇居中，外围一圈碧绿脆嫩的菜心，色香味俱全。还有一只三丁包同时兼备鸡虾火腿之味，难怪连行家都有点茫然了。

第二次，杭州望湖宾馆猴头菇品尝会。

1985年5月19日晚上，杭州望湖宾馆八楼餐厅花灯初上，杭州市二十二家宾馆饭店经理和有关单位的来宾，一起在这里参加猴头菇品尝会。

猴头菇品尝会的掌勺人是辽宁省特一级厨师、沈阳市鹿鸣春饭店副经理王清林。他应邀千里迢迢赶来杭州献艺，为来宾烹调了猴头菇虾球、扒猴头菇、芙蓉猴头菇等色香味形均堪称一绝的猴头菇菜肴。单说那芙蓉猴头菇吧，只见一汤盆雪白的浆汤中，漂浮着一只只毛茸茸的猴头菇，真似猴头在芙蓉园中嬉戏。挟来一尝，软嫩滑润，十分鲜美。

王清林在东北烹饪野生猴头菇已有30多年历史，是东北著名厨师王甫亭的高足，在烹饪技术中的扒、煸、烧、爆、炸、蒸、酿、汆诸法上，造诣甚深，烹调猴头菇尤有独到之处。现场操作时，他把配好佐料的猴头菇放入锅中，稍等片刻，用左手提起铁锅，右手用小勺往火中滴上几滴油，轰的一下，明火从勺周围冲起。他左手拿锅一扬，轻轻一接，来个大翻勺，一盘红、绿、白色兼备的扒猴头菇制作成功了，动作干净利落。

制作猴头菇菜肴首先要掌握干猴头菇泡发要领。王清林说，由于猴头菇生产是有季节性和地域性的，新鲜猴头菇不易得到，菜馆制作菜肴以干猴头菇为主；干猴头菇如果泡发不好，菜肴味道就大为减色。王清林说干猴头菇泡发方法有三：一是硼砂发。用温水洗净猴头菇杂质，放入砂锅内加入硼砂和碱水，用温水煨煮，待猴头菇发膛有弹性时，取出用清水洗净即可。二是蒸发。冷水浸泡干猴头菇24小时，再放入开水中泡3小时，取出洗净，置盆内加上佐料上屉蒸约2小时即成。三是碱发。先用热水将猴头菇泡透，置砂锅内用文火煨煮2小时即可。经此法泡过的干猴头菇，入口润滑软嫩。

猴头菇泡发固然重要，但如果烧得不好，吃起来干巴巴，甚至吃出渣来，那还是要倒胃口的。王清林接着说，泡发后的猴头菇，还要给它上浆着衣，方法是将猴头菇切成所需要的块状，用开水换冲几次，除掉异味，挤去水分，然后蘸上调好的浆糊状的蛋清和面粉（注意猴头菇毛不要上浆），放入开水中氽透，捞出放在碗中，加入葱、姜、料酒、盐、味精，和汤上屉，约蒸1小时，取出烹任各种菜肴就特别润滑。

猴头菇昔日是进贡皇室的珍品，如今通过人工培植已进入寻常宴席。由于采用了特殊的烹调方法，其工艺之精，风味之美，使猴头菇在肴苑群芳中，成为一枝独秀。云片猴头菇、三鲜猴头菇、红烧猴头菇等昔日的宫廷名菜，如今已经走进寻常百姓家（图7-3）。人们在享受食用菌做成的佳肴，同时又获得了食物带来的保健作用，

图7-3 浙里农味——常山猴头菇

吃菌菜将成为人们追求饮食健康的新时尚。

二、猴头菇预处理

市场上出售的猴头菇有3种：一是鲜猴头菇，二是猴头菇罐头，

三是干猴头菇。这三种产品都需要经过前处理才能配菜。

（一）鲜猴头菇预处理

将鲜猴头菇剪去老根，洗净杂质，切成 0.3~0.5cm 的厚片，放在沸水锅中焯熟，捞起放冷水中过凉，捞出挤干水分，放入碗内，加鸡蛋清、干淀粉抓匀，置开水中氽 2~3 分钟取出备用（图7-4）。

图7-4 鲜猴头菇预处理

（二）猴头菇罐头预处理

猴头菇罐头的汤汁中含有一定比例的盐和柠檬酸，因此配菜之前需加以处理。方法是：开启罐头，倒出猴头菇，去水，挤干，切成片。用生姜水煮 3~5 分钟，取出挤干，漂洗挤干数次。用鸡蛋清加面粉或淀粉与猴头菇拌和，置沸水中氽 2~3 分钟取出备用。

（三）干猴头菇预处理

干制猴头菇在食用前要进行泡发。猴头菇的泡发是一项细致而复杂的艺术，大体上要经过洗涤、涨发、提味三个阶段才能烹制。传统方法是将猴头菇放入大砂锅内，加水烧开，转用小火炖 1~2 小时取出，再用冷水过凉，控干浮水，用刀削去老根，摘去杂质洗净。然后进行涨发，把原砂锅内水换掉，另加开水，放入洗净的猴头菇，以淹没为度，并加入适量的碱，先在旺火上烧开，改用小火慢焖 4 小时，中间要随时补足水分，老熟的还要适当延长时间，至菇体嫩烂如豆腐为适宜；然后捞出，浸泡在凉水内，反复冲洗，不断换水，至去净碱味，菌肉由灰色变成淡黄色，轻轻扣在碗里。最后进行提味，经过涨发的猴头菇，鲜味并不突出，须用鸡、鸭、鱼肉汤提味。因此，要在盛猴头菇碗内加入鸡、鸭、鱼肉汤，上屉蒸 1 个多小时，取出另换汤，再上屉蒸 1 个多小时，如此 3~4 次，猴头菇方能上味，可以烹制成各种美味佳肴。这种方法虽然费工费料，至今仍为名家所采用。

现在采用的猴头菇泡发方法，有以下 5 种。

（1）蒸发。将猴头菇用冷水浸泡 24 小时，再放入开水中泡 3 小时，取出，去老根，洗净，盛入盆内，加入高汤、料酒、葱、姜、花椒、八角，上屉蒸约 2 小时，至猴头菇酥烂取下。

（2）油发。将猴头菇用温水浸泡回软，漂洗两次后装盆，加清水淹没猴头菇，然后上屉蒸到八成熟取下，放入砂锅内，再加入熟豆油，烧开后转慢火，浸发至酥烂后即可使用。油发猴头菇柔软质嫩，特别可口。

（3）硼砂发。用温水洗净猴头菇，加开水浸泡，使其回软，去掉老根，放入砂锅内，加入硼砂和碱水（1kg 干猴头菇，加入硼砂 200g，碱面适量），用微火煨煮，待猴头菇发开有弹性时，用清水洗净碱质即可。

（4）碱法。先用温水将猴头菇泡透，然后改成 1cm 厚的片，放入砂锅内，添加面碱水（1kg 猴头菇加碱面 200g），用慢火煨煮约 2 小时，待猴头菇发散有弹性时取出，放在清水内洗净碱质，泡在凉水内备用。

（5）煮发。用硼砂和碱法，会破坏猴头菇的营养成分，而且颜色较深，影响菜的美观，可以将温水泡软、洗净的猴头菇，直接用水煮软。水煮的时间，视猴头菇肉质的老嫩而定。煮软后，再用清水泡透，呈浅褐色，批成薄片，用精盐、料酒、味精腌入味，再用鸡蛋清、玉米粉挂浆，在沸水中氽熟，猴头菇片色泽洁白，最适宜用"扒"的方法烹制。经过泡发的猴头菇，柔软而清和，类似爽口的瘦猪肉。配菜时，荤素皆宜，扒、酿、蒸、烧均可，而且可做出许多形象悦目的工艺菜。

三、猴头菇菜谱

(一) 宫廷名菜

1. 猴首庆寿

此菜是宫廷筵席中的名馔，也是满汉全席中的佳肴。宫中御厨们寓意齐天大圣盗食王母娘娘蟠桃的传说，为慈禧祝寿时所献的贡品。

猴首，以猴头蘑扒制而成，它黄而明亮，鲜嫩柔润。蟠桃，则以鱼丸代替，它色白似玉，松软清淡，再配上用菠菜叶、火腿丝、海参丝、笋丝、鸡丝等制成的菜卷，碧绿葱郁，入口生香。成品一菜多样，口味分明。

原料：水发猴头菇 2 只，净鱼肉 250g，熟火腿 100g，油菜心 6棵，豌豆泥 65g，鸡蛋清 2 只。

调料：熟猪油 125g，鸡油 100g，料酒 25g，葱、姜各一块，精盐 4g，味精 4g，白胡椒粉 0.5g，湿淀粉 20g，番茄酱 15g。

制法：

（1）选用像猴头的猴头菇 2 只，放入珐琅桶内加足水，再上大火煮 2~3 小时，见回软后，取出用冷水浸漂，削去根皮。另换清水烧开，加入适量碱，再将猴头菇放入，用小火慢煮，见柔软似凉粉状时即可（5~6 小时）。取出用清水换洗数次，除净碱质，然后用鸡、鸭汤泡好，放入笼屉内慢蒸熟透（3 小时左右）。

（2）选择色白厚嫩的鱼肉，剁成茸，加少许葱汁、姜汁烧开，加入料酒、盐、味精、水，顺劲搅成糊状。将鸡蛋清抽成蛋泡糊倒入鱼茸中，加入熟猪油搅匀。然后取 4/5 的鱼茸，分别放入 12 个凹形小蝶中，余下的 1/5 鱼茸挤成 12 个鱼丸子，再将剩下的鱼茸掺入豌豆泥，挤成樱桃大小的丸子放在鱼丸顶上，然后蒸 6~7 分钟即可。

（3）油菜心洗净，每个切两片（长 6~7cm），用沸水烫后，再用冷水浸漂。火腿切成柳叶片。

（4）炒勺烧熟，加入两勺鲜汤，发好的猴头放入勺中，顺序加入精盐、料酒、味精，再移小火慢煨至透，勾薄芡，加适量鸡油出勺，装在一个大盘中间，把菜心摆在猴头菇周围，每个菜心上放一片火腿。

（5）蒸好的12个鱼丸，放在猴头周围，用鸡汤勾薄芡，加适量鸡油浇在鱼丸上即成。

特点：清雅悦目，鲜淡软嫩。

2. 松树猴头菇

原料：干猴头菇200g，母鸡1只，猪肉750g，熟火腿500g，荸荠3个，水发木耳3个，发菜5g，水发玉兰片5g，清汤1250g。

调料：料酒15g，葱25g，姜25g，鸡油15g，玉米粉（湿）15g，精盐、味精适量。

制法：

（1）将猴头菇用开水泡发15分钟，挤干放在一个盆内，加入鸡半只，猪肉500g，火腿250g，料酒10g，盐少许，葱、姜各25g，上屉蒸烂。将猴头菇取出，放入铝锅加清汤1 000g，再加入剩余的鸡半只、猪肉250g、火腿250g，在小火上微烤30分钟左右。

（2）起菜时将猴头菇改刀码入盘中。将发菜用开水氽一下做树木，玉兰片切成条做树枝，猴头菇做树顶。用荸荠、木耳做三个松塔摆在松树上。

（3）把清汤250g烧开，加入调料，勾薄芡蒙于菜上，再淋鸡油即可。

特点：形似松树，味道鲜香，为清宫传统工艺。

3. 御笔猴头菇

原料：水发猴头菇2只，鸡茸150g，水发香菇丝、嫩黄瓜皮各25g，小口蘑10个，柿子椒丝50g，黄蛋糕15g，鸡蛋清2只。

调料：精盐3g，味精1g，料酒、熟鸡油和葱姜汁各10g，湿淀粉25g，清汤500g。

制法：

（1）将猴头菇洗净去老根，放入汤碗中，加入葱姜汁、精盐、料酒、味精和清汤，入笼置火上蒸透，取出挤去汤汁，用猴头菇修削出10个"笔头"，其余猴头菇平片成大片，在大盘内摆成方形；嫩黄瓜皮削成如意形，黄蛋糕切成长方片。

（2）将鸡茸放入碗中，加入精盐、味精、料酒、葱姜汁、鸡蛋清和湿淀粉搅匀，均匀地抹在摆好的猴头菇上，入笼置火上蒸熟，取出切成长条，分别抹上鸡茸，粘上"笔头"，"笔头"和"笔杆"顶部各粘一片香菇，笔杆顶端点缀上口蘑，再用红柿子椒丝点缀，呈扇面形摆在大盘中，扇面中间摆上黄蛋糕，抹上鸡茸，并用香菇丝点缀上"御笔猴头"四个字，两边摆上黄瓜皮制的"如意"，入笼蒸熟取出。

（3）炒锅置旺火上，放入清汤、精盐、料酒和味精烧沸，用湿淀粉勾稀芡，淋入鸡油搅匀，浇在盘内原料上即成。

特点：造型逼真，制作精细，清鲜味美。

（二）宴会菜、家常菜

冷盘

1. 凉拌猴头菇

原料：鲜猴头菇300g，鸡蛋清1只；精盐、味精、葱末、白糖、辣油、麻油、鲜汤。

制法：

（1）将鲜猴头菇剪去老根，洗净杂质，顺毛切成约0.3cm的薄片，在沸水锅中焯熟，捞起放冷水中过凉，挤干水分。

图7-5 凉拌猴头菇

（2）将猴头菇片放入鲜汤内煨煮烧透，捞出，冷却后用蛋清加干生粉浆好，再置开水中汆过，捞出沥干水分。

（3）将所有的调料放在猴头菇片上拌匀，即可装盘（图7-5）。

2. 香卤猴头菇

原料：干猴头菇100g，干小香菇30g，笋片30g；清汤、料酒、酱油、味精、白糖、素油、麻油、桂皮、八角、陈皮、葱、姜。

制法：

（1）将小香菇及干猴头菇预处理，并将猴头菇批成厚片。

（2）炒锅放素油烧热，下葱段、姜片、桂皮、八角、陈皮，煸出香味后倒入猴头菇片、笋片、小香菇翻炒，放入清汤，加料酒、精盐、酱油、白糖，卤透后起锅，挑出葱段、姜片、桂皮、八角、陈皮，再淋上麻油即成。

3. 如意虾猴菇

原料：鲜猴头菇 100g，虾仁 50g；熟冬笋 150g，芫荽（香菜）50g，鸡蛋清 1 只；番茄沙司、精盐、味精、麻油、素油、生粉、料酒、葱、姜末。

制法：

（1）将鲜猴头菇预处理后，与虾仁分别斩细，一起放入碗内，加葱、姜末、鸡蛋清、料酒、精盐、生粉、味精打成虾猴菇糊。

（2）将冬笋批成薄长片，将虾猴菇糊用刀平摊在笋片上，再将笋片卷成如鞭炮形的卷筒，然后下油锅煎透，放入番茄沙司、精盐、味精及少许水烧入味，待水分收干后起锅，冷却，切成段，摆齐装盘，淋上麻油。

（3）芫荽摘掉老叶后，洗净，下开水锅烫一下捞出，沥干水分，切细，加精盐、味精、麻油拌匀，围放在如意虾猴四周即成。

4. 金银猴头菇

原料：鲜猴头菇 100g，熟火腿 50g，芫荽（香菜）50g，琼脂少许；鸡汤、料酒、精盐、味精、葱、姜。

制法：

（1）将鲜猴头菇预处理后批成薄片，放入碗中，加入少许鸡汤，再加料酒、精盐、味精、葱段、姜片，上笼蒸烂取出（卤汁留用）。

（2）将火腿切成与猴头菇片一样大小的薄片，按 1 片猴头菇片、1 片火腿片拼合排齐，码入碗中。

（3）炒锅上火，倒入蒸过猴头菇片的卤汁，加入鸡汤，放入琼脂，加料酒、精盐、味精烧透，撇去浮沫，徐徐倒入猴头菇火腿碗内，冷却后放入冰箱，冻 1 小时左右取出，反扣入盘中。

（4）将芫荽洗净切段，放入碗中，加精盐、味精、麻油拌匀，入味后围放在盘边即成。

5. 麻辣猴头菇

原料：鲜猴头菇 300g，芹菜 50g，红辣椒 1 只，蛋清 1 只；花椒粉、豆瓣酱、酱油、味精、葱、蒜末、白糖、辣油、胡椒粉、麻油、鲜汤。

制法：

（1）将鲜猴头菇用清水洗净，顺毛批成薄片，放入沸水锅中略氽，捞出，用蛋清和干生粉上浆；芹菜、辣椒切成丝。

（2）炒锅置旺火上，倒入鲜汤烧沸，放入猴头菇片、芹菜丝、辣椒丝氽透，捞出，控去汁水。

图7-6 麻辣猴头菇

（3）将所有的调料兑成汁，浇在猴头片上拌匀即成（图7-6）。

6. 慢熏猴头菇

原料：鲜猴头菇 100g，豆腐皮 4 贴，虾仁 50g，鸡蛋清 1 只；葱、姜末、生粉、料酒、精盐、味精、麻油、熏料（即木屑、糯米、茶叶、橘皮、花椒、松针、八角、茴香）。

制法：

（1）将鲜猴头菇预处理后与虾仁同斩成末，加料酒、精盐、味精、鸡蛋清、生粉、葱、姜末，打成虾猴菇糊。

（2）将虾猴菇糊用刀摊在豆腐皮上，卷成 6cm 长的卷筒。

（3）取锅一只，放入熏料，上搁一铁丝架，将虾猴菇豆腐皮卷放在铁丝架上，盖好锅盖熏 15 分钟，取出后放入盘内，稍冷后擦麻油，切成段即成。此菜烹调方法以熏为主，有江西风味。

7. 紫菜猴头菇

原料：鲜猴头菇 100g，紫菜 20g，虾仁 50g，鸡蛋 2 只，熟肥膘 25g，荸荠 3 只；料酒、素油、精盐、味精、生粉、胡椒粉、葱、姜。

制法：

（1）将鲜猴头菇预处理后，与虾仁、熟肥膘、荸荠分别斩细后放在碗里，加蛋清 1 只，再加适量料酒、葱、姜末、精盐、味精、胡椒粉调成虾猴糊。

（2）将 2 只鸡蛋磕在碗里，加精盐打散，待锅烧热后擦上油，摊两张蛋皮；起锅后将蛋皮摊开，放上已调好的虾猴菇糊，用刀摊匀后卷成蛋卷，表面滚上少许生粉后再卷一层紫菜末，如此卷 2 个，然后上笼蒸 10 分钟取出，冷却后切成片装盘即成。

此菜呈黑、黄、白三色，鲜嫩可口，适合夏季食用。

8. 水晶猴头菇

原料：鲜猴头菇 200g，水发香菇 100g，熟火腿 50g，琼脂、芫荽(香菜) 叶各少许；鸡汤、料酒、精盐、味精、醋、葱、姜。

制法：

(1) 将鲜猴头菇预处理后，批成薄片，放入碗中，加入少许鸡汤，再加料酒、精盐、味精、葱段、姜片，上笼蒸烂取出，滗出的汤汁另盛碗内。

(2) 取小汤碗 1 只，碗底抹油，将熟火腿切成菱形片，排放在碗底，成花朵形，芫荽叶用开水烫后放在火腿花朵四周，再将蒸好的猴头片码入碗中。

(3) 炒锅上火，倒入蒸过猴头菇片的汤汁，放入琼脂烧透后，加料酒、精盐、味精，沸后撇去浮沫，出锅浇在猴头菇碗中，凉后放入冰箱，冻 1 小时左右取出，反扣入圆盘中央，即成水晶猴头菇。

(4) 将香菇去蒂洗净，沥干水分；待炒锅放油烧热，下葱、姜煸出香味后，放入香菇，加酱油、白糖卤透，淋上麻油，翻炒一下出锅，凉后围放在水晶猴头菇四周即成，上桌时需备醋和姜末。

热菜

1. 云片猴头菇

原料：鲜猴头菇 300g，猪肉 100g；红辣椒 1 只，鸡蛋清 1 只；精盐、料酒、生粉、熟猪油、葱、姜、高汤。

制法：

(1) 将鲜猴头菇洗净杂质，切成薄片，在沸水锅中焯熟，经冷水过凉，捞出挤干水分，再用蛋清加干生粉上浆，然后置开水中汆 2 分钟取出备用。

(2) 将瘦猪肉切成片，用少量生粉上浆；辣椒切成块，葱切成段。

图 7-7　云片猴头菇

（3）热锅后放入熟猪油，下肉片划散，放辣椒翻炒。然后放入猴头菇片翻炒，加入高汤煮入味，加精盐、料酒、味精翻炒，最后撒上葱段即成（图7-7）。

2. 金猴出世

原料：水发猴头菇750g，虾仁50g，鸡蛋清8只，鸡蛋3只；鸡汤、味精、生粉、料酒、花生油。

制法：

（1）选出1只造型好的猴头菇，其余猴头菇均切成片，一起放入汤碗内，倒入已打散的鸡蛋3只，加精盐、味精、生粉搅拌均匀。

（2）炒锅内放多量油，先将1只整猴头菇炸至金黄色捞出另放，再将猴头菇片下锅炸至金黄色，捞起沥干油，盛入盘中央。

（3）将鸡蛋清打成芙蓉蛋（呈泡沫状、筷子立而不倒），待锅内放多量油烧至3~4成热后，将芙蓉蛋倒入油锅过油，捞起盖在猴头菇上，堆成山峰形（不露猴头菇片）。

（4）炒锅上火，放入鸡汤，加料酒、精盐、味精，烧沸后勾薄芡，起锅淋在芙蓉蛋上，再将1只整猴头菇嵌放在峰顶上即成。

3. 渡猴取经

原料：鲜猴头菇150g，鳖1只，生火腿片100g；鸡汤、料酒、精盐、味精、葱、姜。

制法：

（1）鲜猴头菇经预处理后，挑出2只整猴头菇，其余切成片。

（2）将鳖杀好洗净，入沸水锅烫一下，再用冷水洗净待用。

（3）取汤盘一只，将鳖放在盘中间，在鳖甲板上排放火腿片，并放2只整猴头菇，鳖的四周围放猴头菇片，然后加葱、姜、料酒、精盐、味精，上笼蒸2小时取出，去掉葱、姜即成。

图7-8　猴戏金凤

4. 猴戏金凤

原料：土鸡1只，水发猴头菇400g；生姜1块，葱2

根，猪油、鲜汤、料酒、精盐、生抽、花椒和八角各适量。

制法：

（1）土鸡剁成 4~5cm 见方的块，放入沸水锅内氽一下，捞出过凉；猴头菇放入开水中泡 30 分钟，洗净杂质，用手撕成四瓣；葱切成段，姜切成块。

（2）炒锅置旺火上，放入猪油烧热，下姜片、葱段、花椒和八角炒出香味，倒入鸡块和生抽煸炒上色，加入料酒、鲜汤、猴头菇和精盐炖 40 分钟左右，至熟透入味，撒入味精即成（图 7-8）。

5. 猴戏游龙

原料：水发猴头菇 400g，水发刺海参 250g，火肘 10 片；鸡汤、料酒、味精、精盐、胡椒粉、葱、姜段。

制法：

（1）将猴头菇切成片，海参切成长条，分别下开水锅烫后捞出，沥干水分。

（2）酒精锅放入 750g 鸡汤烧开，先放入猴头菇片稍炖后，放入刺参片、火肘片、葱、姜段、料酒、精盐、味精烧透后，连酒精锅上桌。

此菜用酒精锅（烧酒精）烧煮，海参在鸡汤中翻滚就像龙在游一般，故名猴戏游龙。

6. 猴戏太子

原料：水发猴头菇 400g，水发香菇 25g；桂鱼 750g；豌豆 25g，鸡蛋 1 只；料酒、白糖、精盐、味精、生粉、番茄沙司、蒜头瓣、醋、酱油、素油、熟猪油、葱、姜末。

制法：

（1）将鱼去鳞剔鳃洗净，去掉总骨，再用刀在鱼身的两面剞成牡丹花纹，用精盐、蛋糊、生粉浆好；猴头菇、香菇洗净切成片。

（2）将锅烧热倒入素油，烧至 7~8 成热时，放入已浆好的鱼，炸至金黄色，然后用漏勺把鱼捞起放在盘内。

（3）锅内留少许油，倒入猴头菇片、香菇片、豌豆，翻炒几次，加入料酒、白糖、蒜头瓣、醋、酱油、味精、番茄沙司，烧开后勾芡，淋上明油，起锅浇在鱼上即成。

7. 虾仁猴头菇

原料：水发猴头菇250g，发好的虾仁150g，蛋清2只；料酒、精盐、味精、生粉、花生油、葱。

制法：

（1）将猴头菇切成片或丁块，与发好的虾仁分别加蛋清、生粉浆好。

（2）将锅烧热放入油，烧至六成热时，放入虾仁，

图7-9　虾仁猴头菇

随即用筷将虾仁划散，再倒入猴头菇片，稍炒后取出，沥干油。

（3）锅内留少许油下葱煸出香味后捞出葱，放入猴头菇片、虾仁，再加料酒、精盐、味精，翻炒数次，勾芡后即可装盘（图7-9）。

8. 金丝猴头菇

原料：鲜猴头菇300g；鸡蛋2只，面粉50g；精盐、味精、白糖、花生油、麻油、生粉。

制法：

（1）将鲜猴头菇经预处理后，切成块，放在碗里，拌上生粉，打入鸡蛋拌匀，再放面粉、精盐、味精搅拌。

（2）炒锅上火，放多量花生油，烧至六成热时，下猴头菇炸成金黄色捞起，稍冷后再重炸一次待用。

（3）取一只炒锅放麻油，加入白糖，炒糖拨丝，待起小泡时，即倒入已炸好的猴头菇，翻炒几次即成，上桌时备冷开水一碗。

9. 三色猴头菇

原料：鲜猴头菇300g；青瓜1根，红辣椒1只，蛋清1只；高汤、精盐、料酒、生粉、食用油。

制法：

（1）鲜猴头菇经预处理后，切成薄片，挤干水分，再

图7-10　三色猴头菇

用 1 只蛋清加干生粉上浆，置开水中汆一下，取出切成丝。

（2）青瓜切段，再切成条块；红辣椒切成 1.5cm 见方的丁块。

（3）炒锅放食用油烧热，放入青瓜、辣椒翻炒，再放入猴头菇丝，加入高汤，加精盐、料酒、味精翻炒即成（图 7-10）。

10. 松仁猴头菇

原料：水发猴头菇 300g；松仁 75g，蛋清 1 只，青辣椒 10g，红辣椒 5g；鸡汤、精盐、料酒、生粉、猪油。

制法：

（1）将猴头菇切成小粒，加鸡汤上笼蒸烂倒出，挤干水分后用 1 只蛋清加生粉上浆；青辣椒、红辣椒分别切成碎粒。

（2）炒锅烧热放入猪油，将松仁炸成金黄色，再投入猴头菇粒划散，沸后捞出沥油。

（3）锅内留少许油，将青、红辣椒粒下锅翻炒后，再倒入松仁及猴头菇粒，并加精盐、料酒、味精翻炒即成。

11. 异香猴头菇

原料：瓶装猴头菇 300g；青辣椒丝 50g，四川豆瓣酱 20g；蛋清 1 只，料酒、白糖、精盐、味精、生粉、素油、蒜泥、醋、葱、姜。

制法：

（1）猴头菇经预处理后切成丝，挤干水分，用蛋清加生粉上浆。

（2）将锅烧热，用油滑锅后放入素油，烧至八成热时，先下猴头菇丝划散，再放入青椒丝滑油，随后倒入漏勺沥干油。

（3）锅内留少许素油，放四川豆瓣酱翻炒成红油，再下蒜泥及葱、姜丝煸炒一下，然后放入猴头菇丝和青辣椒丝炒散，加料酒、精盐、白糖、醋、味精，再翻炒几次即成。

12. 翡翠猴头菇

原料：鲜猴头菇 300g；猪肉 100g，丝瓜半根；精盐、味精、生粉、猪油、葱、姜、高汤。

制法：

（1）将预处理过的猴头

图 7-11　翡翠猴头菇

菇切成 3cm 长条；瘦猪肉、丝瓜切成片(带皮丝瓜口感更脆、色泽更好)。

(2) 将锅烧热，放入少许猪油，下姜丝、肉片、丝瓜片翻炒。

(3) 加入高汤，放入猴头菇条，加料酒、精盐、味精，用文火烧入味后起锅即成 (图 7-11)。

13. 桃花猴头菇

原料：水发猴头菇 200g，虾仁 100g，熟肥膘 15g，火腿 50g，蛋清少许；高汤、料酒、鸡油、生粉、精盐、味精、葱。

制法：

(1) 将猴头菇批成 24 片厚圆片，蘸上生粉；火腿刻成桃花瓣 120 片，葱剪成桃叶状。

(2) 将虾仁、熟肥膘分别斩细，放在碗中加 1 只鸡蛋清，再加料酒、精盐、味精，搅拌成虾茸，抹在猴头菇片上。

(3) 将 5 片桃花瓣形的火腿片，围放在一片猴头菇圆片上制成桃花形，共作 24 朵"桃花"，并在每朵"桃花"中心用蛋黄做成花蕊，每朵桃花旁边适当放几片用葱做成的"桃叶"，然后逐朵码放在盘内，上笼蒸透。

(4) 锅上火加高汤烧热，放鸡油、料酒、精盐、味精，勾薄芡，浇在桃花猴头菇上即成。

14. 煎浪猴头菇

原料：鲜猴头菇 200g；虾仁 100g，熟肥膘 15g，火腿末 15g，蛋清1只；鸡油、料酒、精盐、胡椒粉、味精、素油、葱、姜。

制法：

(1) 将猴头菇预处理后，切成 24 片厚片，放在盘内。

(2) 将熟肥膘、虾仁分别斩细，加葱末、姜末，料酒、味精、精盐及少许胡椒粉，再加入蛋清 1 只，调成虾茸糊，然后用手将虾茸糊挤成 24 个虾球，分放在猴头菇片上抹平，再在虾茸上放少量火腿末。

(3) 煎锅放油烧热，将虾茸猴头菇煎熟后，再放入少许鸡汤，烧入味，起锅装盘即可。

15. 玉珠猴头菇

原料：鲜猴头菇 150g，鹌鹑蛋 10 只；小菜心 10 棵，火腿片 10

片；鸡汤、料酒、味精、酱油、生粉、素油、麻油、葱、姜。

制法：

（1）将鲜猴头菇预处理；鹌鹑蛋煮熟，并用清水淋一下剥去外壳；菜心入开水锅烫一下。

（2）锅放油烧热，下葱、姜煸出香味，去葱、姜，放入猴头菇，同时放入鸡汁汤、料酒、酱油、味精，烧透后再放入菜心及鹌鹑蛋翻炒几次起锅，装盘时用火腿片打边即成。

16. 凤吞猴头菇

原料：干猴头菇100g（或鲜猴头菇250g），母鸡1只（约1000g）；火腿100g，肥猪肉100g，冬笋25g，虾仁1个；料酒、味精、精盐、葱段、姜片、素油。

制法：

（1）将猴头菇预处理后，切成块；母鸡杀后洗净，在肋下开膛取出内脏，洗净。

（2）将猪肉、火腿、冬笋切成长3cm、宽1.5cm、厚0.3cm左右的片；砂仁用刀捣碎备用。

（3）炒锅内放素油，在中火上烧至六成热时，放入葱段、姜片，煸出香味后，即放入肥肉片、猴头菇，并加花椒、精盐、料酒，混炒后盛碗内（挑去葱、姜、花椒），与冬笋、火腿、虾仁一起拌匀，装入鸡腹内。

（4）将装好的鸡放在砂锅内（切口朝下），加入清汤、精盐、味精、料酒、葱段、姜片，上笼蒸2小时左右取出，挑去葱、姜即可上桌（彩图）。

17. 凤烩猴头菇

原料：水发猴头菇200g（或鲜猴头菇250g），雏鸡1只，黄芪50g；料酒、精盐、味精、香油、葱、姜各适量。

制法：

（1）将雏鸡洗净剁成约3cm见方的小块，投入沸水锅中氽一下，捞出用温水洗净；

图7-12　凤烩猴头菇

猴头菇去根，用清水洗净切片；黄芪洗净，与姜片一起包入纱布包内，扎好口。

（2）锅置旺火上，放入鸡肉块、纱布包、精盐和适量的清水，烧沸，撇去浮沫，改用小火炖 1 小时，加入猴头菇，继续炖 30 分钟左右至鸡肉烂熟时拣去纱布包，撒入味精，淋入香油即成（图 7–12）。

18. 月宫猴头菇

原料：鲜猴头菇 150g；鸽蛋 10 只，水发香菇丝 10 根，熟火腿末 2.5g，绿叶菜末 1.5g；鸡汤、料酒、精盐、味精、花生油、胡椒粉、葱、姜。

制法：

（1）猴头菇经预处理后，在基部划上花刀，放入碗里，加鸡汤、料酒、葱、姜，上笼蒸透待用。

（2）取小碗 10 只，碗底抹上少许猪油，将鸽蛋分别打在小碗里，蛋面中央放香菇丝，两侧分别围放火腿末和绿菜叶末，上笼蒸熟取出；将鸡汤加精盐、味精调好，分别倒在蒸熟的鸽蛋碗里。

（3）将蒸好的猴头菇加精盐、味精及少许鸡汤下锅煮透，起锅装盘，将猴头菇装在盘中间，蒸好的鸽蛋码放在猴头菇四周。

（4）将鸡汤倒入锅里烧开，并加入少许胡椒粉，起锅浇在猴头菇上即成。

19. 芙蓉猴头菇

原料：鲜猴头菇 150g，蛋清 5 只，火腿末 2.5g，大香菇 1 只；小葱 2 根，鸡汤、料酒、精盐、味精、姜。

制法：

（1）将猴头菇预处理后，放入碗中，加鸡汤、葱、姜、料酒、精盐、味精后，上笼蒸烂备用。

（2）将蛋清打成芙蓉蛋，再加鸡汤、精盐、味精一起搅打，然后放入大腰盘内，上笼蒸透后取出；把已蒸好的猴头菇批开成月牙形，再摆放成梅花形，放在芙蓉蛋上的一侧，再将一只大香菇切开与小葱排成万年青状，放在芙蓉蛋上的另一侧，上笼稍蒸片刻即成。

20. 鸟笼猴头菇

原料：鲜猴头菇 100g，发好的海参 150g，熟火腿 25g，蛋清 4

只；鸡汤、料酒、精盐、生粉、猪油、麻油、葱、姜。

制法：

（1）将鲜猴头菇预处理后放在碗里，加鸡汤、料酒、精盐、味精、火腿，上笼蒸烂待用。

（2）将发好的海参切成长 9cm 的薄片，下锅加鸡汤烧透取出。

（3）将蛋清不停地搅拌，直至筷子在蛋液中站立不倒后加鸡汤、精盐，放在盘中，再将海参逐条放在蛋液上面，摆成鸟笼形状，把猴头菇放在海参周围，并放火腿片，上笼蒸 5 分钟，出笼后在上面浇少量煮沸的鸡汤即可。

21. 鸭舌猴头菇

原料：鲜猴头菇 150g；鸭舌 10 只，熟火腿 10 片，火腿骨 1 块；鸡汤、料酒、精盐、味精、生粉、葱、姜。

制法：

（1）将鲜猴头菇预处理后放在碗里，加入鸡汤、火腿骨、葱、姜、料酒，上笼蒸烂。

（2）将鸭舌洗净后放葱、姜、料酒，下锅烧烂捞起，拆出软骨，与蒸好的猴头菇一起入锅烧透，加精盐、味精，勾芡，翻炒几遍起锅。

（3）装盘时，猴头菇放中间，鸭舌围放四周，两边放火腿片即成。

22. 碧翠猴头菇

原料：鲜猴头菇 500g；鸡丝 15g，冬笋 15g，海参 15g，虾仁 15g，菠菜叶 200g，鸡蛋清 3 只；素油、鸡汤、麻油、料酒、精盐、生粉、葱、姜末。

制法：

（1）将猴头菇预处理后放在碗中，加入鸡汤、葱、姜、味精、精盐上笼蒸至酥烂取出（沥出汤汁另用），猴头菇须朝上摆在盘中央。

（2）炒锅上火，放蒸过猴头菇的汤汁烧开，加精盐、味精，勾薄芡，淋明油，起锅浇在猴头菇上。

（3）将海参、冬笋、虾仁切成丝；将鸡丝放入碗里，加蛋清、生粉浆好，下温油锅划开捞起，与海参丝、冬笋丝、虾仁丝放在一起，加葱、姜末、料酒、味精、精盐拌匀。

（4）取整菠菜叶 12 片，投入开水锅中烫一下，捞出铺开，每片菜叶上放海参丝、鸡丝、冬笋丝、虾仁丝卷成卷，上笼蒸熟取出，码放在猴头菇的周围。

（5）炒锅上火，加鲜汤、料酒、味精、精盐烧开，勾芡，浇在菠菜卷上即成。

23. 扒云片猴头菇

原料：干猴头菇 100g，火腿 100g，水发香菇 50g，冬笋 50g，鸡汤、料酒、精盐、味精、生粉、葱、姜。

制法：

（1）将干猴头菇水发后，切成 0.3cm 的片；火腿、冬笋各切成大小相同的片。

图 7-13 扒云片猴头菇

（2）将猴头菇片整齐排放碗内，上笼蒸烂取出，再将火腿片、香菇、冬笋片分层排放在猴头菇片上；将料酒、精盐、鸡汤、葱、姜放在另一碗内调匀，浇在排好的猴头菇片上，上笼用旺火蒸 2 小时，取出沥去汤汁（留用），反扣装盘。

（3）锅内放鸡汤，加精盐、料酒、味精，勾薄芡，浇在盘中即成（图 7-13）。

24. 荤素猴头菇

原料：水发猴头菇 100g，水发香菇 250g，油菜心 250g，熟鸡腿 2 只，蛋清 2 只，熟火腿片 3 片，冬笋丝 200g；鸡汤、料酒、精盐、味精、生粉、猪油、胡椒粉、葱段、姜片。

制法：

（1）将猴头菇批开成大片，放在碗内，加葱段、姜片、料酒、精盐、味精、添加开水，用盘扣住焖 15 分钟，取出擦干。

（2）将蛋清、生粉放在碗内，加精盐少许，搅成白糊，放入猴头菇拌匀，入开水锅内划开，见猴头菇发亮浮起时，用漏勺捞出沥干，放在盘内备用。

（3）选大小匀称的香菇，去柄，下开水锅烫透捞出；油菜心去根削成橄榄形，放入开水锅内烫熟，捞在凉水内过凉；鸡腿去骨切成 4.5cm 长的 14 条。

（4）将锅垫坐放在扒盘内，上衬冷布一块，将火腿片在冷布上

搭成一个三角形，冬笋丝放在三角架空隙里；将一个大香菇刻成
"卍"字形后，菌褶面朝上，放在当中，猴头菇呈圆形排在香菇上；
将鸡肉条一头接着猴头菇摆在三个夹角里，每个角各排四条；另将
香菇、油菜心切丝后，插花排在鸡肉条中间，排齐排匀，并将不成
刀口的碎料，盖在猴头菇上。

（5）将葱段、姜片在熟猪油锅内煸后捞出，放入鸡汤，再将上
述锅垫放入锅内，用盘扣住，用文火扒烧十几分钟，见汁色白时去
掉盘，用漏勺托住锅垫，反扣在扒盘内，揭去冷布并将锅中原汤浇
在上面即成。

25. 灯笼猴头菇

原料：鲜猴头菇 150g；熟火腿肉 50g，香菇 50g，灯笼椒（元
椒）12 只；高汤、料酒、精盐、味精、花生油、葱、姜。

制法：

（1）将猴头菇预处理后，放入碗内，加葱、姜、料酒、熟火腿
肉，上笼蒸透取出待用。

（2）将水发香菇洗净，与熟火腿分别切成丁。

（3）将猴头菇丁、香菇丁、火腿丁一起倒入热油锅，煸炒几下，
加精盐、味精，勾芡装盘待用。

（4）将灯笼椒切下蒂头（留用），去子，洗净，用沸水烫后沥去
水分，将炒好的三丁灌入灯笼椒内，盖好蒂，放入盘中，上笼蒸 5
分钟取出。

（5）炒锅内放入高汤，加料酒、精盐、味精，烧开后勾薄芡，
淋明油，出锅浇在灯笼猴头菇上即成。

26. 海参猴头菇

原料：鲜猴头菇 150g，发
好的海参 100g，冬笋 50g，香菇
50g，红辣椒 1 只；高汤、猪油、
料酒、精盐、味精、生粉、葱各
适量。

制法：

（1）将鲜猴头菇预处理后，
放在碗里，放鸡汤，加葱、姜、

图 7-14　海参猴头菇

味精、精盐，上笼蒸烂。

（2）将海参切成 6cm 长、0.3cm 厚的薄皮，冬笋、香菇切成片；海参、冬笋过沸水后，放在盘里待用。辣椒切成小块。

（3）炒锅放油烧热，下葱，姜煸出香味后去掉葱、姜，将蒸好的猴头菇下锅，再下海参、冬笋、香菇、辣椒，加料酒、精盐，烧几分钟后，下葱段、味精，然后起锅装盘（图 7-14）。

27. 鱼片猴头菇

原料：鲜猴头菇 100g，桂鱼肉 150g，韭芽 50g，蛋清 1 只；料酒、精盐、味精、素油、酱油、醋、白糖、麻油、生粉、姜末。

制法：

（1）将猴头菇预处理后，切成 0.6cm 的薄片放在盘中。

（2）把桂鱼肉切成 3cm 长、0.6cm 厚的片，放在小碗里，加入蛋清、精盐、料酒、味精浆好。

（3）韭芽切成 3cm 长段待用。

（4）炒锅放油烧至六成热时，将浆好的鱼片下油锅划开后，捞起倒入漏勺，沥去油。

（5）将韭芽下锅翻炒几次，即将猴头菇片下锅再炒几次，然后加料酒、酱油、白糖、醋、生粉，倒入炸好的鱼片，再翻炒几次后，即起锅装盘，最后淋上麻油即成（图 7-15）。

图 7-15　鱼片猴头菇

28. 干烧猴头菇

原料：鲜猴头菇 500g；甜酒酿 50g，板油 75g；料酒、酱油、味精、胡椒粉、鸡汤、麻油、泡辣椒末、蒜末、葱末、姜末。

制法：

（1）将猴头菇预处理后，用手撕成块；板油去油皮切成小方丁。

（2）炒锅放上火，加油烧热，放板油丁、姜、蒜、葱末翻炒后倒入猴头菇，加入鸡汤，放入酒酿，加酱油、料酒、味精、胡椒粉，烧透，入味后原锅收汁，淋上麻油，起锅即成。

29. 酱爆猴头菇

原料：鲜猴头菇 500g；鸡汤、酱油、味精、甜面酱、料酒、花生油、麻油、生粉、葱、姜、蒜。

制法：

（1）将猴头菇预处理后切成 1cm 厚的片，下热油锅炸一下捞起。

（2）将葱末、姜末、蒜末下热油锅翻炒后，放入猴头菇，加甜面酱烧透，再加汁汤，勾薄芡，淋上麻油即成。

30. 三鲜猴头菇

原料：鲜猴头菇 200g，冬笋片 50g，火腿片 50g；红辣椒 1 只，蛋清 1 只；精盐、料酒、生粉、食用油、葱、高汤。

制法：

（1）鲜猴头菇经预处理后，切成薄片，挤干水分，再用 1 只蛋清加干生粉上浆。

（2）冬笋剥壳，切片，在开水中小火煮 3~5 分钟；红辣椒洗净切成丝，葱切成段。

（3）热锅后放入食用油，下猴头菇片划散，捞起沥干油待用。

（4）炒锅留少许油，放入火腿片、冬笋片、辣椒翻炒，再放入猴头菇片，加入高汤，加精盐、料酒、味精翻炒，最后撒上葱段即成（图7-16）。

图 7-16　三鲜猴头菇

31. 红烧猴头菇

原料：水发猴头菇 200g；水发香菇 250g，鸡蛋清 2 只，玉兰片 25g，虾仁 25g；高汤、料酒、味精、酱油、猪油、麻油、生粉、花椒、葱、姜。

制法：

（1）将猴头菇切成 5cm 长、1.5cm 宽的大片，加入高汤和调料上笼蒸透取出，沥干汤汁。

（2）用蛋清、生粉将蒸好的猴头菇拌匀，放在盘内，再上笼蒸 20 分钟取出；将香菇洗净，切成大柳叶片备用。

（3）锅内放熟猪油烧热，放入花椒、葱、姜片煸出香味后拣出，将猴头菇片、香菇片、玉兰片和虾仁一起下锅，翻炒几次后放入酱油、麻油、精盐、味精，收浓，勾芡即成。

32. 果汁猴头菇

原料：鲜猴头菇 200g；罐头杨梅 12 颗，葡萄 50g；鸡汤、番茄酱、料酒、精盐、味精、白糖、麻油、葱、姜。

制法：

（1）鲜猴头菇经预处理后，取大小匀称的猴头菇 200g，放在大碗里，加入鸡汁、葱、姜、精盐、味精、料酒，上笼蒸透待用。

（2）葱、姜下热麻油锅，煸出香味后即去掉葱、姜，再将番茄酱下锅翻炒几次，加糖、鸡汤、猴头菇，待汤汁将收干时放入杨梅，再翻炒几次，淋上明油，起锅装入圆盘，盘边配放三串葡萄即成。

33. 清炖猴头菇

原料：干猴头菇 100g（或鲜猴头菇 250g），水发口蘑 50g，新茶 5g，鞭笋头 100g，火肘少许；料酒、精盐、味精、葱段、姜片。

制法：

（1）将猴头菇预处理后，先批成厚皮，再切成 3cm、宽 2cm 的长块，放在砂锅中间。

（2）将笋尖剖开，用刀轻轻拍松，与火肘同时放在砂锅内猴头菇四周，并加适量姜片，然后将砂锅放在火上，放入口蘑、清水、料酒，烧开后撇去浮沫，再用文火慢炖约 1 小时。

（3）在猴头菇将要炖好前，取茶杯一只，放入几片茶叶，用沸水冲开，立即滤去水，再冲入沸水泡 2 分钟待用。

（4）揭开砂锅盖子，取出姜片，放入味精、精盐、冲入茶叶(连汁)，用勺将汤轻轻摇匀，再盖上砂锅盖，稍炖即可。

34. 白灼猴头菇

原料：鲜猴头菇 500g；小红椒、小青椒各 1 个、葱 1 根；精盐、白糖、生抽、食用油。

制法：

（1）将鲜猴头菇洗净后，撕成小块，在沸水锅中焯 2~3 分钟，捞起沥干水分。葱洗净切成葱花，辣椒洗净去蒂切成辣椒圈。

（2）碗里倒入 2 汤匙生抽，加半茶匙糖调匀。将猴头菇放入碗中，撒上葱花。

（3）锅烧热，倒入 2 汤匙食用油。油温升至八成热时转小火，下辣椒圈爆香，捞出放在盛猴头菇的碗中。

（4）转大火让锅中油温升至冒烟，关火，迅速把油浇在猴头菇上，激发葱花的香味，吃时拌匀即可（图 7-17）。

图 7-17　白灼猴头菇

35. 白扒猴头菇

原料：干猴头菇 100g（或鲜猴头菇 250g）；火腿 50g，冬笋尖 50g，水发香菇 25g，生鸡脯肉 50g，蛋清 1 只，红辣椒 1 只；料酒、高汤、精盐、味精、生粉、猪油、葱段、姜片、胡椒粉。

制法：

图 7-18　白扒猴头菇

（1）将猴头菇预处理后，批成 6cm 长、2cm 宽、0.2cm 厚的片，放在碗内，加姜、葱、料酒，上笼蒸透，取出，滗去汤待用。

（2）将火腿、香菇、冬笋尖、鸡肉、红辣椒各切成柳叶片，并把鸡肉片用蛋清、生粉浆好。

（3）炒锅放油烧熟，先将鸡片下油锅划开，立即倒出沥去油，再将葱、姜入锅煸出香味，去葱、姜，然后将猴头菇、香菇、笋片、鸡肉片、火腿片、红辣椒片等一起下锅翻炒，加料酒、精盐、高汤、味精，扒透，勾薄芡即可装盘（图 7-18）。

36. 奶油猴头菇

原料：鲜猴头菇 100g；熟鸡脯肉 100g，蛋清 3 只，牛奶 50g，水发香菇 25g，豌豆苗 250g，冬笋 50g，熟火腿末 10g，小菜心 10棵；高汤、料酒、猪油、精盐、味精、生粉。

制法：

（1）将猴头菇预处理后，批成2cm厚的大片，用刀拍一下，撕成条，放在汤锅内烫透捞出，用布擦干，加蛋清、牛奶、生粉搅匀，放开水锅内划透捞出；将鸡脯肉用刀拍一下，撕成小块；小菜心在沸水锅中烫一下捞起，炒熟待用。

（2）炒锅放猪油、高汤，加味精、料酒、精盐、姜片、葱段，再将猴头菇、鸡脯肉、香菇、豌豆苗、冬笋同时下锅，用旺火烧煮，见汁浓时，撒上火腿末，盛在大腰盘内，用小菜心打边即成。

37. 猴头菇目鱼丝

原料：鲜猴头菇200g，目鱼1个，水发香菇25g，洋葱半个，蛋清1只，红辣椒半个，蒜1瓣，生姜1片，葱1根；高汤、料酒、精盐、味精、生粉适量。

制法：

（1）将鲜猴头菇预处理后，切成丝。

图7-19　猴头菇目鱼丝

（2）新鲜目鱼处理干净，大片平铺，切成长条；洋葱、香菇、红辣椒切细丝，生姜、蒜切片，葱切段。

（3）锅中放足量水烧开后加1汤匙料酒，放入目鱼丝余烫到微卷即马上捞出。

（4）锅里放多一点的油烧热，放姜、蒜片炒香，然后加入猴头菇、香菇和高汤翻炒，加洋葱、红椒和盐炒熟。

（5）加入余烫过的目鱼，调入生抽、味精，翻炒均匀，最后撒上葱段即可出锅（图7-19）。

38. 猴头菇炒鱿鱼

原料：鲜猴头菇200g，水发鱿鱼150g；芹菜50g，红辣椒1只，蛋清1只；高汤、料酒、胡椒粉、精盐、味精、生粉、葱、姜、蒜、食用油。

制法：

（1）鲜猴头菇经预处理后，切成薄片，挤干水分，用1只蛋清加干生粉上浆，放入沸水锅内略余捞出。

（2）将鱿鱼的头、足、红皮和明骨撕去后，用花刀法先直刀剞，后横切成6cm长、4cm宽的丝；芹菜择洗干净，切成5cm长的段；辣椒切成丝或块；葱、姜切成末；蒜切成片。

（3）将葱、姜末、蒜片放在碗内，加料酒、精盐、味精、胡椒粉、高汤和生粉，对成汁备用。

图7-20　猴头菇炒鱿鱼

（4）将锅烧热，放入食用油，烧至八成热时投入鱿鱼丝爆炒，然后投入猴头菇、芹菜段、红辣椒一起翻炒，烹入调好的芡汁，再翻炒几下，即可装盘（图7-20）。

39. 猴头菇虾球

原料：鲜猴头菇150g，虾仁50g；水发香菇25g，鱼肉150g，熟肥膘20g；肉丝50g，火腿片12片，笋25g，青菜叶100g，鸡蛋1只，鸡蛋清5只，马蹄2只；鸡汤、料酒、精盐、酱油、味精、花生油、胡椒粉、葱段、姜片、葱姜汁。

制法：

（1）将鲜猴头菇预处理后，切成薄片，下开水锅烫一下，捞出沥干水，放在汤锅里，加葱段、姜片、料酒、精盐、味精，上笼蒸透取出。

（2）将鱼肉、虾仁、肥膘、马蹄分别斩成细末，放在碗里，加葱姜汁、料酒、精盐、味精、生粉、蛋清，打成虾茸，捏成虾茸球。

（3）将猪肉、笋、水发香菇分别切成细丝，放入热油锅翻炒，加料酒、酱油、味精，勾芡后翻炒几次，出锅备用。

（4）将鸡蛋打成蛋液，下热油锅摊成1张蛋皮，出锅扣成大圆形，将炒好的三丝平摊在蛋皮上，再将余下的蛋清打成芙蓉蛋，覆盖在三丝上，中间留一圆形凹腔，上笼蒸5分钟取出。

（5）炒锅放油烧至六成熟时，放入虾茸球，炸至金黄色捞出，排放在芙蓉蛋四周。

（6）将青菜叶切成细丝，下油锅略炸，捞出放在虾茸球间隔处。

（7）炒锅放油烧热，下猴头菇片，放入鸡汤，加精盐、味精烧透，勾薄芡，淋明油，出锅盛在芙蓉蛋上面的凹膛里，再将火腿片改成菱形片，排放在芙蓉蛋上即成。

40. 猴头菇菜心

原料：鲜猴头菇 150g，水发小香菇 10 只，油冬菜心 10 棵；鸡汤、精盐、味精、生粉、料酒、花生油。

制法：

（1）将猴头菇预处理后，切成片；小香菇洗净后，用开水烫一下；菜心削成橄榄形，一剖两半，下开水锅烫一下。

（2）油锅烧热，放入猴头菇片、菜心、香菇同炒，再加入鸡汤、料酒、精盐、味精，烧入味，勾薄芡即成。

41. 雪梅伴猴菇

原料：干猴头菇 50g（或鲜猴头菇 150g），浆虾仁 100g；鸡蛋 4 只，熟火腿 10g；料酒、葱、番茄沙司、白糖、醋、味精、生粉、猪油。

制法：

（1）将熟火腿和葱分别切成末。

（2）将鸡蛋打入碗内，用 2 只小碗分盛蛋清、蛋黄。将蛋黄打匀，在热油锅中，摊成杯口打的 20 张园蛋皮，每张蛋皮包入 5g 虾仁，捏成鸡冠形；蛋白打成泡沫放在鸡冠型顶上，移入盘内，上笼蒸 1 分钟取出，散上火腿末和葱末。

（3）将猴头菇预处理后，放入热油锅，加料酒、精盐、白糖、番茄沙司、醋、味精，翻炒后勾芡装盘，再把蒸好的蛋皮卷围放在猴头菇四周即成。

42. 虾猴菇金线

原料：鲜猴头菇 100g，浆好虾仁 50g，熟肥膘 250g，熟米粉 100g，面粉 25g，青菜叶 25g，鸡蛋清 4 只；料酒、精盐、味精、素油、麻油、生粉、花椒盐、葱、姜。

制法：

（1）将猴头菇预处理后，放入碗中，上笼蒸烂取出，滗去水分，与虾仁分别斩细，一起放入碗中，加蛋清 1 只、料酒、精盐、味精、麻油，打成虾猴菇糊。

（2）将熟肥膘切成 24 片直径 2.5cm、厚 0.6cm 的圆片，青菜叶也切成 24 片直径为 2.5cm 的圆片。

（3）将 1 只蛋清，加精盐、味精、生粉，打成蛋清糊，将熟肥膘圆片逐片铺好，依次抹上一层蛋清糊，一层虾猴糊，然后再抹一层蛋清糊，盖上青菜叶圆片，成 24 个虾猴金钱生胚。

（4）将 2 只蛋清，放清水，加熟米粉、面粉，调成蛋粉糊；将虾猴金钱生胚逐只蘸上蛋粉糊，下热油锅炸成金黄色，捞出沥油；待原油锅烧至七成热时，再下锅重炸一次，捞出装盘，淋上麻油，撒上花椒盐即成。

43. 猴头菇炖排骨

原料：干猴头菇 100g，猪排骨 250g；枸杞子、葱段、姜片、料酒、精盐各适量。

制法：

将干猴头菇放入温水中浸泡 15 分钟，挤干水分后切成块。猪排骨洗净切块与猴头菇一起放入锅中，加入适量的清水、枸杞子、葱段、生姜片、精盐和料酒，用旺火煮 30 分钟，再转小火炖至排骨熟烂，即可装盘。

图 7-21　猴头菇炖排骨

若用鲜猴头菇做食材，则先将猴头菇预处理，排骨炖烂后加入猴头菇稍炖即成（图 7-21）。

44. 油炸猴菇排

原料：鲜猴头菇 200g；面包屑 100g，浆好的虾仁 100g，蛋清 2 只；辣椒油、生粉、精盐、味精、料酒、胡椒粉、花生油、葱、姜。

制法：

（1）将猴头菇预处理后切成长 6cm、宽 0.5cm、厚 1cm 的长方形，装入盘中，加入鸡汤、料酒、葱、姜上笼蒸熟取出。

（2）将虾仁斩细，加蛋清、精盐、味精，打成虾茸，用小刀抹在猴头菇上面成虾茸猴菇排。

（3）用鸡蛋清加生粉打成蛋糊，将虾茸猴菇排逐只滚上蛋糊，再按上面包屑。

(4) 待锅烧热后，放油烧至八成热时，放入猴菇排，炸至金黄色取出，切成块即可装盘，用辣酱油蘸食。

45. 猴头菇鸭煲

原料：土鸭1只，鲜猴头菇200g；生姜1块，葱2根，枸杞子10颗，料酒、精盐适量。

制法：

(1) 土鸭剁成块，猴头菇切成片或撕成小块，生姜切片，小葱打结，枸杞子温水泡发。

(2) 将鸭块冷水下锅煮开，捞出洗净浮沫、血水。

(3) 将鸭块放入炖锅中，加入足量水、生姜、葱结和料酒，大火烧开转小火慢煲1.5小时以上，锅边留缝隙使鸭汤持续加热但不沸腾。

(4) 待鸭肉炖烂后，放入猴头菇，不盖严锅盖再炖10分钟。

(5) 放入枸杞子，加盐调味即成（彩图）。

46. 猴头菇鱼圆

原料：水发猴头菇300g，鱼肉150g，鸡蛋1只；精盐、料酒、葱白、胡椒粉、生粉、鲜汤适量。

制法：

(1) 将水发猴头菇剪去根蒂，入沸水锅中略焯一下，捞出挤干水，切成小丁。

(2) 将清水鱼去骨，切成猴头菇一样的小丁。

(3) 先将鱼丁加精盐、料酒、葱白、胡椒粉、生粉，打上劲，再加入猴头菇丁、鸡蛋清一起搅匀上劲，然后挤成圆子。

(4) 将圆子放入沸水锅中焯熟后捞出，装盘后放入金汤即可（彩图）。

47. 猴头菇砂锅

原料：鲜猴头菇300g，冬笋100g，猪肥瘦肉各50g，青菜心25g；生姜1块，葱2根，枸杞子10颗，料酒、精盐、味精、葱、姜、香油、鲜汤适量。

制法：

(1) 将猴头菇洗净后切成1cm厚的大片，再切成3cm长、2cm

宽的菱形块；冬笋切成和猴
头菇一样大小的菱形块，青
菜心切成3cm长的段，猪肥
瘦肉切成薄片。

图7-22 猴头菇砂锅

（2）砂锅内放入猴头菇、
笋块、鲜汤、精盐、味精、
猪肉片、料酒、生姜，置火
上烧沸，撇去浮沫，加盖后
改用小火炖1小时左右，再
放入青菜段，撒上葱段淋入香油，用干净抹布将砂锅外沿及外面擦
洗干净，即可上桌（图7-22）。

汤菜

1. 鸡汁猴头菇羹

原料：干猴头菇100g，土鸡1只，火腿骨少许；料酒、精盐、
葱、姜、生粉适量。

制法：

（1）将猴头菇洗净，先用清水浸泡30分钟以上，再蒸或煮（蒸
的效果更好）。蒸煮好的猴头菇用水泡发，中间换几次水，每次换水
将猴头菇挤去水分，最后切丝待用。

（2）土鸡杀后洗净，与火腿骨一起加精盐、料酒、姜和水，用
文火炖7小时，把高汤沥出待用。

（3）高汤加切好的猴头菇丝，用文火炖半个小时，勾薄芡，然
后把锅内浓汤分倒入小汤碗里即成（彩图）。

2. 猴头菇锅巴汤

原料：瓶装猴头菇150g，水发香菇50g，熟鸡肉100g；火腿肉
25g，锅巴200g，鸡汤、素油、味精、精盐、料酒、胡椒粉、葱、姜。

制法：

（1）将猴头菇洗净沥干水，与香菇、熟鸡肉、熟火腿肉分别切
成薄片。

（2）锅烧热放素油，先将葱、姜煸出香味，再倒入鸡汤并捞出
葱、姜，放入猴头菇片、鸡肉片、火腿片，加入料酒、精盐、味精
烧沸后，撒入少许胡椒粉，起锅倒入大碗内。

(3) 锅内放油烧至九成熟，倒入锅巴，炸至金黄色捞起，盛入另一只大汤碗内，与汤料一起上席，食时把汤料倾于锅巴上即可。

3. 猴头菇丝汤

原料：鲜猴头菇 250g，水发香菇 50g，火腿肉 30g，鸡蛋清 2只；鸡汤、料酒、精盐、味精、生粉、面粉、胡椒粉、葱、姜。

制法：

(1) 将鲜猴头菇预处理后切成薄片，撒上少许面粉拌匀。

(2) 将蛋清加精盐、生粉打成蛋清糊，放入猴头菇片浆好。

(3) 炒锅放水烧开，放入已浆好的猴头菇片划散，捞出放入碗中，加入鸡汤，再加料酒、精盐、味精、葱、姜，上笼蒸烂取出。

(4) 将香菇、火腿肉分别切成丝；炒锅放鸡汤烧沸，撇去浮沫后，放入香菇丝、火腿丝和蒸烂的猴头菇片，加料酒、精盐、味精、胡椒粉烧透，起锅盛入汤碗即成。

4. 凤爪猴头菇汤

原料：水发猴头菇 150g，鸡爪 10 只，熟火腿片 10 片；鸡汤、料酒、精盐、味精、胡椒粉、葱、姜。

制法：

(1) 鸡爪下沸水锅烫一下，捞出洗净。

(2) 锅内放清水，加葱、姜，将鸡爪下锅炖熟，取出拆去骨头，保持完整爪形。

(3) 取砂锅一只，放入猴头菇，加入鸡汤，再加葱、姜、料酒上火炖烂，再放鸡爪、火腿片、味精、精盐、胡椒粉稍炖即成。

5. 猴头菇猪骨汤

原料：鲜猴头菇 200g，猪杂骨 250g；西洋参 5~6 片，枸杞子 5~6 颗，料酒、味精、精盐、姜、葱。

制法：

(1) 猪杂骨洗净，锅中水烧开，把杂骨放入煮 3 分钟后，捞出洗净沥干。生姜拍扁，小葱打结。

图 7-23　猴头菇猪骨汤

（2）焯过水的杂骨放入锅中，倒入足量水，放姜、葱、料酒、西洋参，煮开后转小火煲 30 分钟。

（3）开盖，捞出小葱、姜块，放入经预处理过的猴头菇，继续煲 10 分钟，开盖放入枸杞子，加盐调味，再煮 5 分钟，出锅后撒点白胡椒粉即可（图 7-23）。

点心

1. 猴头菇金鱼饺

原料：鲜猴头菇 100g，水发香菇 25g，熟猪肉 100g，菜松、标花奶油各少许；葱、姜、花生油、麻油、火腿末、料酒、酱油、味精、生粉、发面。

制法：

（1）将鲜猴头菇预处理后洗净；香菇去蒂洗净；然后将猪肉、猴头菇、香菇分别切成丁。

（2）炒锅放油烧热，下葱、姜煸出香味，即放入肉丁、香菇丁、猴头菇丁翻炒几次后，放料酒、酱油、味精，烧入味后勾芡起锅。

（3）将发面揉透后，擀成 40 只直径约 15cm 的圆形面皮，而后将面皮的 1/3 部分向反面折拢（夹层内放点面粉以防粘连），在面皮另外 2/3 部分的正面包入馅料，然后与反折面皮的折线成垂直方向合拢包紧，并捏紧尾部三角处，以防漏馅。

（4）在尖角处两侧，用尖头钳出金鱼的 2 只眼窝，各放进一粒火腿末做眼睛，再在顶端夹出一张嘴（结合部需夹紧），然后把原来折向反面的三分之一面皮翻开，剪两刀，做成金鱼尾，再用花纹钳夹在尾部、背部，两侧钳出鱼鳍状，刻出鱼鳞，14 块面皮均如此做成"金鱼"，上笼蒸 5 分钟后，即可出笼装盘。

（5）装盘时，将鱼头朝盘中央，匀称地排放一圈；再在盘中央及鱼的间隔处放上菜松；然后在盘边空隙处标上奶油，盘中央的菜松周围也标一圈奶油。

2. 虾猴菇春卷

原料：鲜猴头菇 100g，香菇 50g，鲜虾仁 50g，精肉 100g；韭芽 50g，春卷皮 24 张，花生油 750g（耗油 75g），面粉糊 50g；料酒、酱油、味精、精盐、麻油、生粉。

制法：

（1）猴头菇预处理后沥干水分，与虾仁、精肉、香菇分别切成细丝。

（2）炒锅放油烧热后，放入韭芽干炒，再放猴头菇丝、虾仁丝、肉丝、香菇丝煸炒几次，然后加料酒、酱油、味精，勾芡成馅。

（3）将春卷皮摊在砧板上，把炒好的丝料馅放在春卷皮上，卷成手指粗细的春卷，然后将炒锅放油烧至六成热时，放入春卷炸透，捞起装盘即成。

3. 猴头菇三丁包

原料：水发猴头菇150g，熟鸡肉100g，熟火腿肉100g；发酵面、酱油、白糖、料酒、味精。

制法：

（1）猴头菇、鸡肉、熟火腿肉分别切成丁待用。

（2）炒锅加油烧热，下三丁略炒后，加入酱油、白糖、料酒、味精烧入味，拌匀作馅心。

（3）将发酵面搓成条摘胚，擀成皮，放入三丁馅，包成包子，上笼蒸熟即可。

（三）香港食谱

香港有"美食之都"的美誉，以粤菜为主。粤菜是我国著名八大菜系之一，取材多样，制作精细，清淡新鲜，以特有的菜式和韵味，独树一帜，在国内外享有盛誉（图7-24）。

1. 蟹肉扒猴头菇

原料：猴头菇罐头1瓶，肉蟹（大）2只，豆苗320g，鸡蛋白1只分量，鸡汤一杯半，花生油4汤匙，淀粉1茶匙，绍酒半茶匙，姜丝少许，盐、白糖、胡椒粉各适量。

制法：

图7-24 猴头菇家庭食谱

（1）开瓶取出猴头菇，顺菇针片切成薄片，放入有姜、葱的开水中汆过。

（2）将蟹劏（杀）净，蒸熟，拆肉去软骨。

（3）豆苗摘好，洗净；旺火烧滚清水4杯，下豆苗煮约2分钟，待其变柔软即捞出。

（4）烧滚鸡汤半杯，下油2汤匙，旺火烧滚，放入豆苗，烧至熟透，迅速捞起，去汁铺放供用碟中。

（5）起油锅，下鸡汤1杯，旺火烧滚，即将猴头菇放入，滚几滚，即捞出，放在豆苗上。

（6）原锅鸡汤放入蟹肉，加姜丝，再加花生油2汤匙，以盐、白糖、胡椒粉调味，改文火煮约2分钟；淋入料酒，然后勾薄芡；最后流入打散的鸡蛋白，迅速兜匀，随即浇铺在猴头菇上。

2. 猴头菇什锦煲

原料：猴头菇罐头1~2瓶，猪肉80g，鸡蛋1只，虾米2汤匙，木耳12朵，青梗菜4棵，火腿1块，清汤4~5杯，米醋1茶匙，姜2片，葱2根，盐、味精、麻油各适量。

制法：

（1）猴头菇顺针片切成大片。用三分肥七分瘦的猪肉，分肥、瘦切开，再切细，剁碎装碗，加入鸡蛋白1只分量和少许盐，搅拌均匀，捏成小肉丸。

（2）木耳浸软，洗净去蒂；虾米洗净，浸软；青梗菜整棵洗净，开边焯至断生（半熟）；火腿切成小长方形片；姜、葱均切成丝。

（3）鸡蛋黄打散，加盐、胡椒粉少许拌匀，摊煎成薄蛋皮，切成菱形片。

（4）锅中加清水2杯，烧滚，下肉丸煮熟，过冷。

（5）用砂锅烧滚清汤，加煮过肉丸的原汤，滚起后，放入猴头菇片、木耳、青梗菜、火腿片、姜葱丝以及蛋皮和肉丸，并以盐、味精、米醋调味，烧滚约15分钟，撇去浮沫，淋上少许麻油，原煲上桌。

3. 紫菜猴头菇汤

原料：猴头菇罐头1瓶，鸡里脊肉80g，鸡蛋白1只分量，紫菜圆片2块，豆苗30片，去皮马蹄3个，香菇10只，火腿片适量，清汤 4 杯，绍酒 1 汤匙，淀粉 2 汤匙，盐、味精、生抽、胡椒粉适量。

制法：

(1) 把猴头菇切成大片，用滚水氽过，沥去水分备用。

(2) 将鸡肉去白筋，用刀背敲松剁成茸，放碗内，下淀粉、味精、酒、盐、油拌匀，加少许清汤，搅拌成稠糊状。

(3) 紫菜用白锅烘干，弄碎置碗内。

(4) 用筷子夹猴头菇片，蘸匀鸡茸糊，再黏上紫菜，放在已涂上少许油的碟中，蒸 5 分钟。

(5) 去皮荸荠切片，香菇浸软去蒂，火腿切小片；豆苗或青菜薹（没有菜叶的梗）洗净，焯至断生。

(6) 将清汤烧滚，放马蹄片、香菇、火腿片，以绍酒、味精、盐、生抽、胡椒粉调味，滚热即装碗，并把蒸好的紫菜猴头菇滑入汤中，加入焯熟的豆苗或青菜，即成。

4. 蚝油扒猴头菇

原料：猴头菇罐头 1 瓶，水发冬菇 8 只或罐头整香菇 10 只，胡萝卜片 6 片，生菜适量；蚝油一汤匙半，生抽 1 茶匙，白糖半茶匙，水淀粉 1 汤匙，味精、盐、麻油、胡椒粉和姜、葱各适量。

制法：

(1) 开瓶取出猴头菇，顺菇针片切成大片；冬菇大只的切片，以中型最理想。

(2) 姜、葱切片，生菜洗净，沥去水分，焯至断生，调味去汁。

(3) 在小碗内调匀蚝油、生抽、白糖、水淀粉、味精、精盐、麻油、胡椒粉做调料备用。

(4) 起油锅，炒香姜、葱及胡萝卜片，随即将猴头菇、冬菇倒入，翻炒两下，即烹酒，加半杯水，盖上煮约 15 分钟。

(5) 把生菜的围碟，然后将预先调匀的蚝油芡入双菇中，用锅铲推匀，淋下少许麻油即离火，浇在生菜碟中。

5. 云腿扣猴头菇

原料：猴头菇罐头 1 瓶，云腿 40g，水发冬菇 8 只，冬笋 80g，西兰花 1 棵；清汤 3/4 杯，绍酒 1 汤匙，生抽半茶匙，水淀粉 1 汤匙，白糖、盐、胡椒粉、麻油各适量。

制法：

（1）猴头菇顺针片切成 3mm 厚的片，放入姜、葱水中汆过，捞出沥去水分。

（2）冬菇、云腿、冬笋均切成猴头菇片一样大小；西兰花洗净，切开小朵，焯至断生，调味，去汁。

（3）依次将冬笋、云腿、猴头菇、冬菇相叠成一组，排放到扣碗内，注入用清汤、绍酒、生抽、白糖、胡椒粉和水淀粉调匀的配料，上蒸锅用旺火蒸约 1 小时，取出将汁滗入另一锅中。

（4）把西兰花梗朝内向围碟，取出蒸好的猴头菇扣在碟中；烧滚滗出的蒸汁，用水淀粉勾芡，下麻油少许，浇在猴头菇上即成。

6. 猴头菇炖鹌鹑

原料：猴头菇罐头 1~2 瓶，鹌鹑 3~4 只；葱 1 根，姜 2 片，盐、味精、胡椒粉少许。

图 7-25　麒麟猴头菇、蚝汁烧猴头菇、猴头菇炖鹌鹑、猴头菇滑鸡柳

制法：

（1）把鹌鹑（肥大）劏好。

（2）开瓶取出猴头菇，沥去水。

（3）烧滚有姜、葱的清水两杯半，先下猴头菇汆过，捞出，切

片，加盐、胡椒粉各少许，拌匀后备用。

（4）把鹌鹑放入上述开水中汆过，捞出，用水龙头冲洗，沥干。

（5）把猴头菇分别酿入鹌鹑内，缝口或用牙签之类插牢，以免猴头菇散出。

（6）把鹌鹑放入炖盅内，放入烧滚的清汤，盖好，即上蒸锅隔滚水炖一个半小时左右。

如果用乳鸽、水鸭、鹧鸪之类代替鹌鹑，食疗更佳。若嫌酿之方法麻烦，也可与禽鸟或肉类一同放入炖盅内，盖好，炖够火候即成（图7-25）。

7. 麒麟猴头菇

原料：猴头菇1罐，金华腿60g，冬菇60g，笋肉60g，芦笋6~7根，上汤1杯，盐、味精、胡椒粉、绍酒、水淀粉各适量。

制法：

（1）开瓶取出猴头菇，顺菇针片切成大薄片，用烧滚之姜、葱水汆过。

（2）金华火腿原块放碗内，加冰糖少许，上锅蒸约25分钟，取出。

（3）将冬菇、金华腿均切成猴头菇片一样大小；笋肉烩熟，切成长方片。

（4）把笋肉、火腿、猴头菇、冬菇依次叠放排列成两行于长碟中，上蒸锅旺火蒸约15分钟，取出，滗出汤汁。

（5）把芦笋或菜薹或芥蓝薹洗净，焯水或炒熟，调味，去汁，用来围碟边及中间点缀。

（6）将滗出的汤汁放入锅内，下上汤及调味烧滚，用水淀粉勾芡，淋下麻油少许，轻轻浇在猴头菇上（图7-25）。

8. 蚝汁烧猴头菇

原料：猴头菇罐头2瓶，白菜仔（大）12棵，蚝油2汤匙，白糖1茶匙，淀粉1茶匙，油2汤匙，盐、味精、胡椒粉适量。

制法：

（1）把猴头菇取出，顺菇针片切成厚块，泡低温滚油，捞出，去油分。

（2）白菜仔逐棵洗净，用刀剖开两边；烧热锅，下清水两杯烧滚，加油、盐适量，即下白菜仔，上盖滚约 10 分钟，即捞出，去汁，根部朝碟边绕碟周围排列上碟。

（3）烧热锅，下油 2 汤匙，用 1 杯水将蚝油、白糖、胡椒粉、盐、味精调匀，倒入锅中，推匀，即将猴头菇放入，滚片刻后，用水淀粉勾芡，淋下熟油少许，全部倒入白菜仔碟中（图 7-25）。

9. 猴头菇滑鸡柳

原料：猴头菇罐头 1 瓶，胡萝卜 1/3 个，西芹 1 条，莴苣笋 1 条，鸡胸肉 1 个，鸡蛋白 1 只分量，蚝油 1 汤匙，白糖 1 茶匙，水淀粉 1 汤匙，姜 2 片，葱 1 根，酒、盐、味精、胡椒粉适量。

制法：

（1）把猴头菇顺针片切成条状，放入有姜、葱、盐的滚水中氽过，捞出去汁。

（2）胡萝卜去皮，西芹去筋，莴苣笋撕去皮，均切成筷子条状。

（3）鸡肉去筋，切成筷子条状，加入鸡蛋白、盐、胡椒粉、水淀粉调匀，泡嫩油备用。

（4）将蚝油、白糖、味精、盐、胡椒粉放小碗内调匀。

（5）起油锅，爆香姜、葱片，依次下西芹、莴苣笋、胡萝卜翻炒，即下猴头菇和鸡柳，烹酒，炒合，用预先调好的料调味，翻炒，最后用水淀粉勾芡，下熟油少许，即上碟。

四、猴头菇单方、秘方和经验方

1. 猴头菇银耳合剂方

处方：猴头菇 10g，白木耳 2g，姬松茸 5g，山楂 5g，山药 10g，酵母粉 1g。

制作：将猴头菇、白木耳、姬松茸、山药、山楂一起放入砂锅内，加水煎煮，连煎 2 次，每次用文火煎煮 1 小时。

用法：每天服 2 次，第 1 次服头煎汁，第 2 次连汁带菇一起服下。

功效：促进消化，治疗胃肠溃疡和肠胃炎，抑制油门螺旋杆菌生长，防治消化道肿瘤。

2. 猴头菇枣仁方

处方：猴头菇 30g，柏子仁、酸枣仁、夜交藤各 15g。

制作：将全部原料一起放入砂锅内，加水煎煮，连煎 2 次，每次用文火煎煮 1 小时。

用法：每天早晚各服 1 次，连服 20~30 天。

功效：治疗失眠、睡眠不深、心神不安。

3. 单味猴头菇剂（1）

处方：猴头菇 20g。

制作：将猴头菇剪碎，加水煎煮，连煎 2 次，每次用文火煎煮半小时。

用法：每天服 2 次，服第 2 次时连菇一起服下，同时服少许黄酒。

功效：增进食欲，治疗消化不良。

4. 单味猴头菇剂（2）

处方：猴头菇（干）30g。

制作：加水煎煮，连煎 2 次，每次用文火煎煮半小时，滤取煎汁。

用法：每天服 2 次，早晚空腹服用，连服 2~3 个月。

功效：治疗胃、肠溃疡，各种慢性胃炎、胃窦炎，辅助治疗胃癌、食道癌、肠癌。

5. 猴头菇山药汤

处方：猴头菇 30g，山药、白术各 20g，莲子肉、陈皮、扁豆各 15g，薏苡仁 25g。

制作：将全部原料一起放入砂锅内，加水煎煮，连煎 2 次，每次用文火煎煮 1 小时，滤取煎汁服用。

用法：每天服 2 次，早晚空腹服用，连服 30~60 天。

功效：治疗胃、肠溃疡。

6. 猴头菇哈士蟆方

处方：猴头菇 15g，哈士蟆油 10g。

制作：将猴头菇、哈士蟆油一起放入砂锅内，加水煎煮，用文火煎至哈士蟆油溶化为止。

用法：上午空腹时服用，连服 30~60 天。

功效：补虚强身，治疗神经衰弱、产后体虚等症。

参考文献

陈清文，王林.1987.鲁迅曹靖华与猴头蘑的趣事［N］.人民日报（海外版），

　　1987-09-22：7版.

陈士瑜，陈蕙.1985.猴头轶话［J］.中国食用菌（4）：40.

黄良水.2011.现代食用菌生产新技术［M］.杭州：浙江科学技术出版社.

黄年来.1993.中国食用菌百科［M］.北京：农业出版社.

李玉，尚晓冬，2017.宋春燕等.猴头菇工厂化栽培技术［J］.食药用菌.25（3）：

　　156-158.

李志超.2004.猴头菌生产全书［M］.北京：中国农业出版社.

秦俊哲，吕嘉枥.2003.食用菌贮藏保鲜与加工新技术［M］.北京：化学工业出

　　版社.

浙江省食用菌协会，浙江省军区华北饭店.1986.中国食用菌菜谱［M］.杭州：

　　浙江科学技术出版社.